看看我们的地球

Kankan Women de Diqiu

李四光/著

图书在版编目(CIP)数据

看看我们的地球 / 李四光著. — 北京 : 文化发展出版社, 2022.1

ISBN 978-7-5142-3628-6

Ⅰ. ①看… Ⅱ. ①李… Ⅲ. ①地球科学—普及读物 Ⅳ. ①P-49

中国版本图书馆CIP数据核字(2021)第243725号

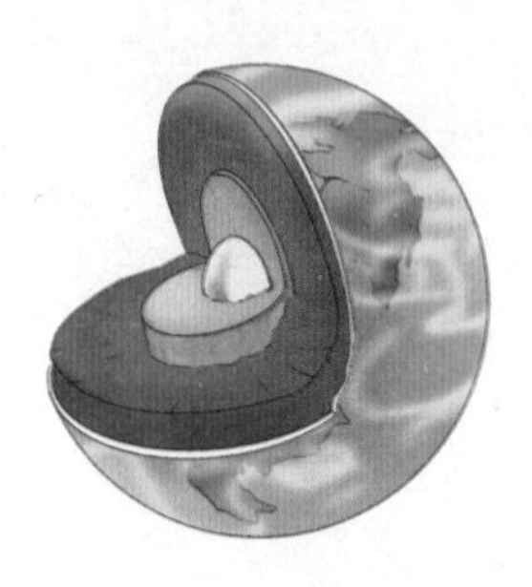

看看我们的地球

李四光 著

出版人 武 赫

责任编辑 肖润征

责任校对 岳智勇

责任印制 杨 骏

版式设计 蔡宏仓

责任设计 侯 铮

网　　址 www.wenhuafazhan.com

出版发行 文化发展出版社（北京市海淀区翠微路2号　邮编：100036）

经　　销 各地新华书店

印　　刷 合肥添彩包装有限公司

开　　本 710mm×1000mm 1/16

印　　张 12

字　　数 76千字

版　　次 2022年1月第1版

印　　次 2022年1月第1次印刷

定　　价 30.80元

ISBN 978-7-5142-3628-6

培养阅读习惯

小学语文新课程标准各学段对阅读的具体要求如下:

第一学段(1～2年级)

阅读浅近的童话、寓言、故事,向往美好的情境,关心自然和生命,对感兴趣的人物和事件有自己的感受和想法,并乐于与人交流。诵读儿歌、童谣和浅近的古诗,展开想象,获得初步的情感体验,感受语言的优美。积累自己喜欢的成语和格言警句。背诵优秀诗文50篇(段)。课外阅读总量不少于5万字。

第二学段(3～4年级)

能联系上下文,理解词句的意思,体会课文中关键词句在表达情意方面的作用。能借助字典、词典和生活积累,理解生词的意义。诵读优秀诗文,注意在诵读过程中体验情感,领悟内容。背诵优秀诗文50篇(段)。养成读书看报的习惯,收藏并与同学交流图书资料。课外阅读总量不少于40万字。

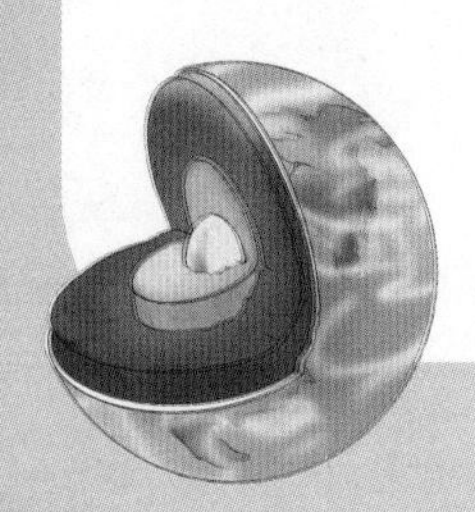

第三学段（5～6年级）

在阅读中揣摩文章的表达顺序，体会作者的思想感情，初步领悟文章基本的表达方法。在交流和讨论中，敢于提出自己的看法，作出自己的判断。利用图书馆、网络等信息渠道尝试进行探究性阅读。扩展自己的阅读面，课外阅读总量不少于100万字。

各个学段的阅读都要重视朗读和默读。加强对阅读方法的指导，让学生逐步学会精读、略读和浏览。有些诗文应要求学生诵读，以利于增强积累、体验和语感培养。

要重视培养学生广泛的阅读兴趣，扩大阅读面，增加阅读量，提高阅读品位。提倡少做题，多读书，好读书，读好书，读整本的书。关注学生通过多种媒介的阅读，鼓励学生自主选择优秀的阅读材料。加强对课外阅读的指导，开展各种课外阅读活动，创造展示与交流的机会，营造人人爱读书的良好氛围。

良好的阅读习惯是小学生终身受益的能力之一，需要精心培养，耐心指导，坚持不懈。

［各年级阅读指导建议，依据义务教育语文课程标准］

目　录
Contents

上编　看看我们的地球

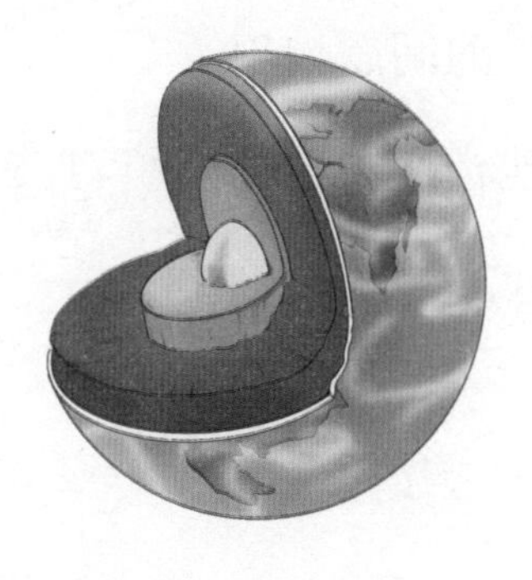

中编　地壳

下编　地热

上编
看看我们的地球

地球是人类的母亲！我们的地球是如何来的呢？它的早期又是什么样子的呢？它是如何孕育万物的呢？让我们一起去了解地球的奥秘吧！

看看我们的地球

地球是围绕太阳旋转的九大行星[①]之一，它是一个离太阳不太远也不太近的行星。它的周围有一圈大气，这圈大气组成它的最外一层，就是气圈。在这层下面，有些地方是由岩石构成的大陆，大致占地球总面积的十分之三，也就是石圈的表面。其余的十分之七都是海洋，称为水圈。水圈的底下，也都是石圈。不过，在大海底下的这一部分石圈的岩石，它的性质和大陆上露出的岩石的性质一般是不同的。大海底下的岩石重一些、黑一些；大陆上的

---

① 九大行星：2006 年 8 月 24 日，第 26 届国际天文学联会将冥王星划为矮行星，从太阳系九大行星中除名，从此太阳系从九大行星变成了八大行星。按离太阳由近而远的次序，它们分别是水星、金星、地球、火星、木星、土星、天王星和海王星。

岩石轻一些，颜色一般也淡一些。

石圈不是由不同性质的岩石规规矩矩构成的圈子，而是在地球出生和它存在的几十亿年的过程中，发生了多次的翻动，原来埋在深处的岩石，翻到地面上来了。这样我们才能直接看到曾经埋在地下深处的岩石，也才能使我们想象到石圈深处的岩石是什么样子的。

随着科学不断地发展，人类对自然界的了解越来越广泛和深入，可是到现在为止，我们的观测所能钻进石圈的深度，顶多不过十几千米。而地球的直径却有着 1.2 万多千米呢！就是说，假定地球像

一个大皮球，那么，我们的眼睛所能直接和间接看到的一层就只有一张纸那么厚。再深些的地方究竟是什么样子，我们有没有什么办法去勘察呢？有。这就是靠由地震的各种震波给我们传送来的消息。不过，通过地震波获得有关地下情况的消息，只能帮助我们了解地下的物质的大概样子，不能像我们在地表所看见的岩石那么清楚。

地球深处的物质，和我们现在生活上的关系较少，和我们关系最密切的，还是石圈的最上一层。我们的老祖宗曾经用石头来制造石斧、石刀、石钻、石箭等从事劳动的工具。今天我们不再需要石器了，可是，我们现在种地或在工厂里、矿山里劳动所需的工具和日常需要的东西，仍然需要向石圈里索取原料。随着人类的进步，向石圈索取这些原料的数量和种类越来越多了，并且向石圈探察和开采这些原料的工具和技术，也越来越进步了。

最近几十年来，从石圈中不断地发现了各种具有新的用途的原料。比如能够分裂并大量发热的放射性矿物，如铀、钍等类，我们已经能够加以利用，比如用来开动机器、促进庄稼生长、治疗难治的疾病等。将来，人们还要利用原子能来推动各种机器和一切交通运输工具的发展，要它们驯服地为我们的社会主义建设服务。

这样说来，石圈最上层能够给人类利用的各种好东西是不是永远取之不尽的呢？不是的。石圈上能够供给人类利用的各种矿物原料，正在一天天地少下去，而且总有一天要用完的。

那怎么办呢？一个办法，是向石圈下部更深的地方要原料，这就要靠现代地球物理探矿、地球化学探矿和各种新技术部门的工作者们的共同努力。另一个办法，就是继续寻找和利用新的物质和动力的来源。热就是便于利用的动力根源。比如近代科学家们已经接触到了的很多方面，包括太阳能、地球内部的巨大热库和热核反应热量的利用，甚至有可能在星际航行成功以后，在月亮和其他星球上开发可以利用的物质和能源，等等。

关于太阳能和热核反应热量的利用，科学家们已经进行了较多的工作，也获得了初步的成就。对其他天体的探索研究，也进行了一系列的准备工作，并在最近几年中获得了一些重要的进展。有关利用地球内部热量的研究，虽然也早被科学家们注意，并且也已做了一些工作，但是到现在为止，还没有达到大规模利用地热的阶段。

人们早已知道，越往地球深处，温度越发增高，大约每下降 33 米，温度就升高 1℃（应该指出，地球表面的热量主要是靠太阳送来的）。就是说，地下的大量热量，正闲得发闷，焦急地盼望着人类及早利用它，让它也沾到一分为人类服务的光荣。

怎样才能达到这个目的呢？很明显，要靠现代数学、化学、物理学、天文学、地质学以及其他科学技术部门的共同努力。而在这一系列的努力中，一项重要而首先要解决的问题，就是了解清楚地球内部物质的结构和它们存在的状况。

地球内部那么深，那样热，我们既然钻不进去，摸不着，看不见，也听不到，怎么能了解它呢？办法是有的。我们除了通过地球物理、地球化学等对地球的内部结构进行直接的探索研究以外，还可以通过各种间接的办法来对它进行研究。比如我们可以发射火箭到其他天体去发生爆炸，通过远距离自动控制仪器的记录，可以得到有关那个天体内部结构的资料。有了这些资料，我们就可以进一步用比较研究的方法，了解地球内部的结构，从而为我们利用地球内部储存的大量热量提供可能。

在这些工作获得成就的同时，对现时仍然作为一个谜的有关地球起源的问题，也会逐渐得到解决。到现在为止，地球究竟是怎样来的，人们做了各种不同的猜测，各人有各人的说法，各人有各人的理由。在这许多的看法和说法中，主要有下述两种：一种说法，地球是从太阳分裂出来的，原先它是一团灼热的熔体，后来经过长期的冷缩，固结成了现今具有坚硬外壳的地球。直到现在，它里边还保存着原有的大量热量。这种热量也还在继续不断地慢慢变冷。另一种说法，地球是由小粒的灰尘逐渐聚合固结起来形成的。他们说，地球本身的热量，是由于组成地球的物质中有一部分放射性物质，它们不断分裂而放出大量热量的结果。随着这种放射性物质不断分裂，地球的温度，现在可能渐渐增高，但当那些放射性物质消耗到一定程度的时候，就会逐渐变冷。

少年朋友们，从这里看来，到底谁长谁短，就得等你们将来成长为科学家的时候，再提出比我们这一代科学家更高明的意见。

我相信，等到你们成长为出色的科学家，和跟着你们学习的下一代和更下一代的年轻科学家们来到世界的时候，人们一定会掌握更丰富、更确切的资料，也更广泛、更深入地了解地球本身和我们太阳系的过去和现在的状况。这样，你们就有可能对地球起源的问题，做出比较可靠的结论。

也可以相信，再经过多少年，人类必定会胜利地实现到星际去旅行的理想。那时候，一定会在其他天体上面发现许多新的生命和更多可以被我们所利用的新的物质，人类活动的领域将空前地扩大，接触的新鲜事物也无穷无尽。这一切，都必定使人类的生活更加美好，使人类的聪明才智比现在不知要高多少倍，人类的寿命也会大大地延长，大家都能活到一百几十岁到两百岁或者更高的年龄。到那个时候，今天那些能够活到七八十岁的老人，在这些真正高龄的老人眼前，也就像你们的教师在今天的老人面前一样要变成青年人了。

少年朋友们，你们想想，这么大的变化，多有意思啊！

我们不能光是伸长脖子，窥测自然界奇妙的变化，我们还要努力学习，掌握那些变化的规律，推动科学更快前进，来创造幸福无比的新世界。

地球的年龄

地球的年龄，并不是一个新颖的问题。在上古的时代早已有人提及了。例如，那加尔底亚人(Chaldeans)的天文学家，不知用了什么方法，算出世界的年龄为21.5万岁。波斯的琐罗亚斯德(Zoroaster)一派的学者说，世界的存在只限于1.2万年。中国俗传世界有12万年的寿命。这些数字当然没有什么意义。古代的学者因为不明白自然的历史，都陷入一个极大的误解，那就是他们把人类的历史、生物的历史、地球的历史，乃至宇宙的历史，当作一件事看待。意思是人类出现以前，就无所谓宇宙，无所谓世界。

中古以后，学术渐渐萌芽，荒诞无稽的传说渐渐失去信用。然而公元1650年时，竟有一位有名的

英国主教厄谢尔 (Bishop Ussher)，曾大书特书，说世界是公元前 4004 年造的！这不足为奇，恐怕在科学昌明的今日，世界上还有许多人相信上帝只费了六天的工夫，就造出我们的世界来了。从 18 世纪中叶到 19 世纪初期，地质学、生物学与其他自然科学同一步调，向前猛进。德国出了维尔纳 (Werner)，英国出了赫顿 (Hutton)，法国出了布丰 (Buffon)、拉马克 (Lamarck)，以及其他著名的学者。他们关于自然的历史，虽各怀己见，争论激烈，然而在学术上都有永垂不朽的贡献。之后，英国的生物学家查尔斯·达尔文 (Charles Darwin)、阿尔弗雷德·拉塞尔·华莱士 (Alfred Russel Wallace)、赫胥黎 (Huxley) 等人，再将生物进化的学说公之于世。于是一般的思想家才相信人类出现以前，已经有了世界。那无人的世界，又可据生物递变的情形，分为若干时代，每一时代大都有陆沉海涸的遗痕，地球历史之长，可想而知。至此，地球年龄的问题，始得以正式成立。

就理论上说，地球的年龄，应该是地质学家劈头的一个大问题，然而事实不然，赫顿以后，地质学家的活动，大半都限于局部的研究。他们对于一层岩石、一块化石的考察，不厌其详；而对过去年代的计算，都淡漠视之，一若那种的讨论，非分内之事。实则地质学家并非抛弃了那个问题，只因材料尚未充足，不愿多说闲话。待到开尔文勋爵 (Lord Kelvin) 关于地球的年龄发表意见的时候，地质学家方面始有一部分人觉得开尔文所定的年龄过短，他的立论，也未免过于专断。这位物理学家非但不顾地质学上的事实，反而嘲笑他们。开尔文说："地质学家看太阳如同蔷薇看养花的老头儿似的。蔷薇说道，养我们的那一位老头儿必定是很老的一位先生，因为在我们蔷薇的记忆中，他总是那样子。"

物理学家既是这样的挑战，自然弄得地质学家到了忍无可忍的地步，于是地质学家方面，就有人起来同他们讲道理。

所以地球年龄的问题，现在成了天文、物理、地质三家公共的问题。

天文学地球年龄的说法

1749 年，邓索恩 (Dunthorne) 依据比较古今日食时期的结果，倡言现今地球的旋转，较古代为慢。其后百余年，亚当斯 (Adams) 对于这件事又详加考究，并算出每 100 年地球的旋转迟 22 秒，但亚当斯曾申明他所用的计算的根据，不是十分可靠。康德 (Kant) 在他的宇宙哲学论中曾说到潮汐的摩擦力能使地球永远减其旋转的速率，一直到汤姆逊 (J.J.Thomson) 的时代，他又把这个问题提起来了。汤姆逊用种种方法证明地球的内部比钢还要硬。他又从热学上着想，假定地球原来是一团热汁，自从冷却结壳以后，它的形状未曾变更。如若我们承认这个假定，那由地球现在的形状，不难推测当初凝结之时它能保持平衡的旋转速率。至于地球的扁度，可用种种方法测出。旋转速率减少之率，也可由历史上或用旁的方法求出。假若减少之率通古今不变，那么，从它初结壳到今天的年龄，不难求出。据汤姆逊这样计算的结果，他说地球的年龄顶多不过10亿年。但是他又说如若比1亿年还多，地球在赤道的凸度比现在的凸度应该还要大，而两极应较现在的两极还要平。汤姆逊这一回计算中所用的假定可算不少。头一件，他说地球的中央比钢还硬些。我们应用天体力学来进行研究，倒是与他的意见大致不差；但从地震学方面得来的消息，不能与此一致。况且地球自结壳以后，其形状有无变更，其旋转究竟是怎样的变更，我们无法确定。既然汤姆逊所用的假定有可疑的地方，那么他所得的结果，当然是可疑的。

乔治·达尔文(George Darwin)从地月系的运转与潮汐的关系上，演绎出一种极有趣的学说，大致如下所述：地球受了潮汐的影响，渐渐减少旋转能，这是我们都知道的。按力学的原则，这个地月

系全体的旋转能应该不变，因为今天地球的旋转能减少，所以月球在它的轨道上的旋转能应该增大，那就是由月球到地球的距离非增加不可。这样看来，越到古代，月球离地球越近。推其极端，应有一个时候，月球与地球几乎相接，那时的地球或者是一团黏性的液质，全体受潮汐的影响当然更大。据达尔文的意见，地球原来是液质，当然受太阳的影响而生潮汐。有一个时候，这团液质自己摆动的时期恰与日潮的时期相同，于是因同摆的原因，摆幅大为增加，一部分的液质就凸出了很远，导致脱离原来的那一团液质，成了它的卫星，这就是月球。当月球初脱离地球的时候，这个地月系的运转比现在快多了，那时 1 月与 1 日相等，而 1 日不过约与现在的 3 小时相当。从日月分离以来，每月每日的时间都渐渐变长了。

近来，张柏林 (T.C.Chamberlin) 等考究因潮汐的摩擦使地球旋转的问题，颇为精密。他们曾证明大约每 50 万年 1 天延长 1 分钟。这个数目与达尔文所算出来的数目相差太远了。达尔文主张的潮汐与地月运转学说，虽不完全，他所标出来的地球各期的年龄，虽不可靠，然而以他那样的苦心孤诣，用他那样的数学聪明才力，发挥成文，真是堂堂皇皇，在科学上永久有他的价值存在。

天文理论说地球年龄

在讨论这个方法以前，我们应知道几个天文学上的名词。

地球顺着一定的方向，从西到东，每日自转一次，它这样旋转所依的轴，名曰地轴。地轴的两端，名曰南北极。今设想一平面，与地轴成直角，又经过地球的中心，这个平面与地面交切成圆形，名曰赤道；与“天球”交切所成的圆，名曰天球赤道。因为天球赤道与地球赤道同在这一个平面上，所以那个平面统名曰赤道平面。地球一年绕日一周，它的轨道略成椭圆形。太阳在这椭圆的长轴上，但不在它的中央。长轴被太阳分为长短不等的两段，长段与地球的轨道的交点名曰远日点，短段与地球轨道的交点名曰近日点。太阳每年穿过赤道平面两次。由赤道平面以北到赤道平面以南，它非经过赤道平面不可，那个时候，名曰秋分。由赤道平面以南到赤道平面以北，又非经过赤道平面不可，那个时候，名曰春分。当春分的时候，由地球中心经过太阳的中心作一直线向空中延长，与天球相交的一点，名曰白羊宫 (Aries) 的起点。昔日这一点在白羊宫星宿里，现在在双鱼宫 (Pisces) 星宿里，所以每年春分、秋分时，地球在它轨道上的位置稍稍不同。逐年白羊宫的起点的迁移，名曰春秋的推移 (Precession of Equinoxes)。在公元前 134 年，喜帕恰斯 (Hipparchus) 已经发现这个事实。牛顿证明春秋之所以推移，是地球绕着斜轴旋转的结果，我们也可说是日月及行星推移的结果。春分秋分既然渐渐推移，地轴当然是随之迁向，所以北极星的职守，不是万世一系的。现在充当这个北极星的是小熊星 (Ursa Minoris)，它并不在地轴的延长线上。

拉普拉斯 (Laplace) 曾确定了一个事实，那就是地球受其他行星的牵扰，其轨道的扁度按期略有增减，有时较扁，有时与圆形相去不远。但是据开普勒 (Kepler) 的定律，行星的周期，与它们轨道的长轴密切相关，二者之中，如有一项变更，其余一项，不能不变。又据拉格朗日 (Lagrange) 的学说，行星的牵扰，绝不能永久使地球轨道的长轴变更，所以地球的轨道，即令变更，其变更之量必小，而其每年运行所要的时间，概言之，可谓不变。

阿得马 (Adhemar) 首创地球轨道的扁度变更与地上气候有关之说。勒威耶 (Leverrier) 又表示用数学的方法，可求出过去或将来数百万年内，任何时候地球轨道的扁率。其后詹姆斯·罗尔 (James Croll) 发挥这个学说甚详，并用勒威耶所立的公式，算出过去 300 万年内地球轨道的扁度最大及最小的时期。

一直到现在，我们说的都是天上的话，这些话在地上果然应验了吗？地球的过去时代果然有冰期循环迭现吗？如若地质时代果然有若干个冰期，那么，我们也可用这种天文学上的理论来确定地球各冰期到现今的年代，这件事我们不能不问地质学家。

天文学家这番话，好像是应验了。地质学家曾在世界上各处发现昔日冰川移动的遗痕。遗痕最显著的就是冰川之旁、冰川之底、冰川之前往往有乱石、泥土，或成长堤形，或散漫而无定形。石块之中，往往有极大极重的，来自数千百里之遥，寻常河流的力量，绝不能运送那样大的石块到那样远的地方。又由冰川运送的石块，常有一面极平滑，而其余各面，则棱角峭砺，平滑的一面又常有摩擦的痕迹。冰川经过的地方，若犹未十分受侵蚀剥削，那么会另有一种风景。比方较高的山岭，每分两部，上部嵯峨，而下部则极形圆滑。谷每成 U 字形。间或有丘墟罗列，多带圆长的形状。而露岩石的地方，又往往有摩擦的痕迹。诸如此类的现象，不一而足，这是专业的地质学家的事，我们现在不用管它。

在最近的地质时代，那就是第四期的初期，也可说是初有人不久的时候，地球上的气候很冷。冰川、冰海，到处流溢。当最冷的时候，北欧全体，都在一片琉璃之下，浩荡数千万里，南到阿尔卑斯、高加索一带，中连中亚诸山脉，都是积雪皑皑，气象凛冽。而在北美洲方面，亦有浩大的冰川流徙；一支由拉布拉多 (Labrador) 沿大西洋岸南进；一支由基瓦丁 (Keewatin) 向哈得逊 (Hudson) 湾流注；一支由科迪勒拉 (Cordilleras) 沿太平洋岸进行。同时南半球也是一个冰雪漫天的世界，至今南澳、新西兰、安第斯 (Andes) 山脉以及智利等地，都有遗迹。甚至热带地方，如非洲中部有名的高峰乞力马扎罗 (Kilimanjaro) 的雪线，在第四期的初期，也要比现在低 5000 多英尺。

由第四期再往古代找去，没有发现冰川的遗痕。一直到古生代的后期，那就是石炭纪的中叶，在澳洲、印度、非洲、南美都有冰川流行的事。再往古代找去，又有许多很长的地质时代，未曾留下冰川的遗迹。到了肇生纪的初期，在中国长江中部、挪威、加拿大、澳洲等地，又有冰川现象发生。长此以往，地层上所载的地球的历史，到处都是极其模糊的，我们再没有得到确实的冰川流行的遗迹。

地质事实说地球年龄

地质学家估算最近的冰期距现今的年限，共有几种方法。这几种方法之中，似乎以德吉尔 (De Geer) 所用的最为精密而且最有趣味。在第四期的初期，挪威与瑞典全土，连波罗的海一带，都是埋在冰里，前已说过。后来北半球的气候渐渐温和，那个大冰块的南头，逐年往北方退缩。当其退缩的时候，每年留下纪念品，所谓纪念品，就是粗细相间的停积物。

当春夏的时候，冰头渐渐融解。其中所含的泥土砂砾，随着冰释而成的水向海里流去。粗的质料，比如砂砾，一到海边就要沉下。而较细的质料，悬在水中较久，春夏流水搅动的时候，至少有一部分极细的泥土不能沉淀。到秋冬的时候，冰头冻了，水流止了，自然没有泥土砂砾流到海里来。于是乎水中所含的极细的泥土，也可渐渐沉下，造成一层极纯净的泥，覆于春夏时所停积的砂砾之上。到明年开春，冰又渐渐融解，海边停积的情形又如去年。所以每一年停积一层较粗的东西和一层较细的东西。年复一年，冰头渐往北方退缩，这样粗细相间的停积物，也随着冰头，渐向北方退缩，一层加一层，好像屋上的瓦似的。

德吉尔费了许多苦功，从瑞典南部的斯堪尼亚(Scania)海岸数起，数了3.5万层泥，属于冰期的末造。由冰期以后，一直到今日，约计有7000层的停积。然而由冰头退抵斯堪尼亚到今天，一共经过了1.2万年。斯堪尼亚以南的停积，为波罗的海所掩盖，德吉尔的方法，不能适用。再南到德国的境界，这个方法也未曾试过。冰头往北方退缩的速度，前后仿佛不是一致，越到北方，有退缩越急的情形。比如在瑞典首都斯德哥尔摩(Stockholm)退缩的速度，比在斯堪尼亚已经快了5倍。按这样推想，冰头在斯堪尼亚以南的时候，比在斯堪尼亚应该还要慢些，所以要退出与在斯堪尼亚相等的距离，恐怕差不多要 2500 年。那有名的地质学家索拉斯 (Sollas)，以这种议论为根据，暂定由最后的冰势最盛时代，到它退到瑞典南岸所费的年限为 5000 年，然则由最后冰期中冰势的全盛时代到现在，至少在 1.5 万年以上，实数大约在 1.7 万年。在澳洲南部，地质学家用别种方法，求出当地自从最后冰期到现在所历的年数，也是 1.5 万—2 万年。两处的年数，无论是否偶然相合，总可算得一致。那么，我们应该承认这个数目有点价值。

现在我们看天文学家的数目与地质学家的数目相差何如？至少要差 6 万年。我们知道德吉尔的方法，是脚踏实地，他所得的数目，是比较可靠的。然则开尔文的数目，我们不能不丢下。况且按天文学的理论，地球不能南北两半球同时发生冰川现象，而在过去时代，我们所知道的三个冰期，都不限于南北某一半球。更进一层说，假若开尔文的理论是对的，那么，地球在过去的时代，不知已经过了几十回甚至上百回的冰期，何以地质学家在地球上各处找了数十百年，只发现三回冰期。如若说是冰期的遗迹没有保存，或者我们没有发现，那这两句话未免太不顾地质学上的事实，也未免近于遁词。

原来地上的气候，与天文、地理、气象三项中许多的现象有密切的关系。这三项现象，寻常互相调剂，所以地上气候温和。若是三项合起步调，向一方面走，那就能使极端热或极端冷的气候发生。比方说，现在的西北欧，若没有湾流的调剂，虽不成冰期，恐怕与冰期的情形也差不多了。总而言之，开尔文一流天文学家所创的学说，如若不大加变更，大加修正，恐怕纯是纸上空谈，全以他们的理论为根据去定地球的年龄，正是所谓缘木求鱼的一段故事。

天文方面，既然不得要领，我们现在就要问地质学家，看他们有什么妥当的方法。

地球热的历史说
地球年龄

地球上何以这样的暖？我们都知道是那太阳，从古至今，用它的热来接济我们。然则太阳里这样仿佛千古不变的热力是如何来的呢？这个问题，已经引发了许多哲学家和物理学家的思索。他们的思想，从历史上看来，自然是极有趣味的，可惜我们没有工夫详细追究，现在只好说一个大概。

德国有名的哲学家莱布尼兹 (Leibniz) 同康德 (Kant)，都认为太阳是一团大火，它所散发的热，都是因燃烧而生的。自燃烧现象经化学家切实解释以后，这种说法当然不能成立。俟后，迈尔 (Mayer) 观察摩擦可以生热，所以他想太阳的热也许是许多陨星常常向太阳里坠落的结果。但是据天文学家观察，太阳的周围，并非常常有星体坠落，假若往太阳里坠落的星体如是之多，太阳的质量必然渐渐增加，这都是与事实相反的。

亥姆霍兹 (Helmholtz) 以为太阳的热是由它自己收缩发展出来的。太阳每年散发的热量，可由太阳的射热恒数 (Solar Constant of Radiation) 求出。亥姆霍兹假定太阳当初是一团星云，逐渐收缩，到了今天，形成一个球形，其中的质量极匀。他计算出太阳的直径每缩短 1‰所生的热量，可与它每年所失的热量的 2 万倍相当。亥姆霍兹据此算出太阳的年龄，大约在 2000 万年以下。如若地球是由太阳里分出来的，当然地球的年龄，比 2000 万年还少。开尔文 (Kelvin) 对于这个问题的意见，也与亥姆霍兹相似，不过他相信太阳的密度越至内部越大。

据物理学家近来的研究，所有发射原质当发射之际，必产生热。又据分析日光的结果，我们早知道日光中含有氦 (He) 质，所以我们敢断言太阳中必有发射原质。因此，有许多人怀疑发射作用为太阳发热的主因。据最近试验的结果，1000 万克 (Gram) 的铀 (U) 质在“发射平衡”之下，每 1 小时能生 77 卡 (Calorie) 的热，而同量的钍 (Th) 所发的热量不过 26 卡。太阳每 1 小时每 1 立方米所发散的热，平均约 300 卡，这些热量，假若都是由太阳内的发射原质（如铀、钍等）发出来的，那么每 1

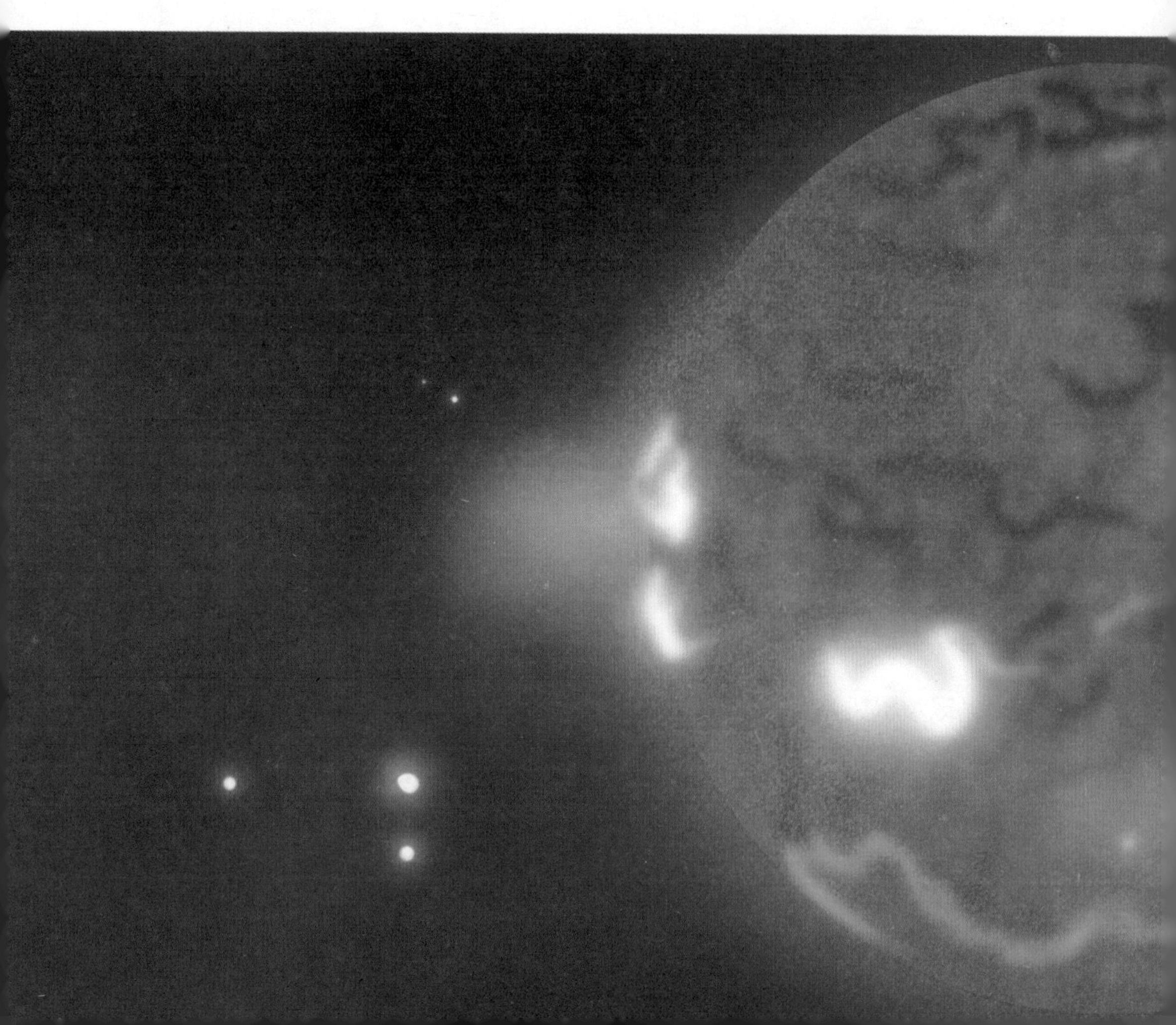

立方米的太阳质中，应有 400 万克的铀。但是太阳平均每 1 立方米的质量只有 1.44×106 克，即假如太阳的全体都是铀做成的，由这种物质所生的热仅能抵挡它所消费的热量的三分之一。所以以发射原质产生的热为太阳现在唯一的热源，所差未免太多。

据阿伦尼乌斯 (Arrhenius) 的意见，太阳外面的色圈 (Chromosphere)，大概都是由单一的物质

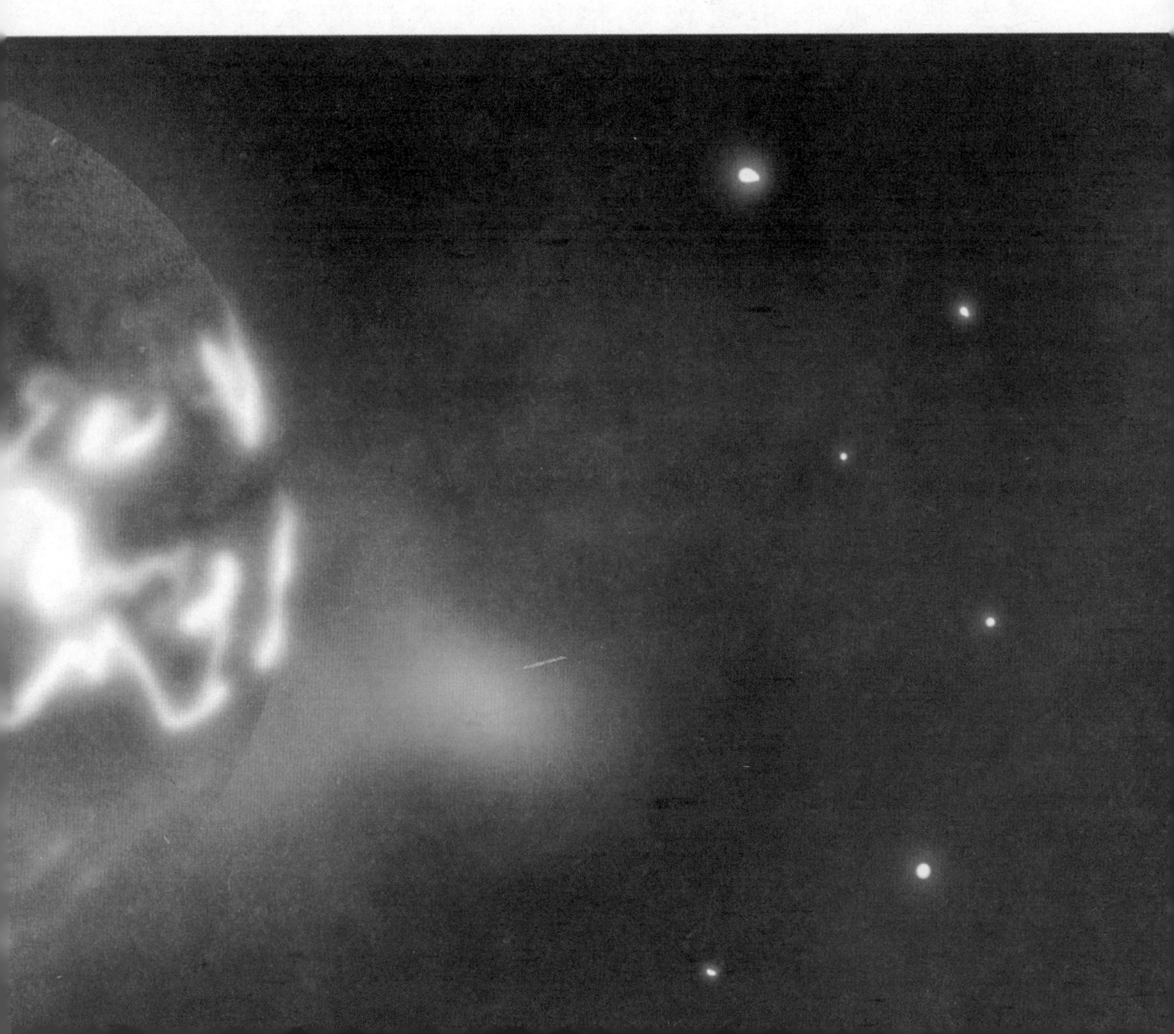

集合而成的。它的温度，在 6000℃—7000℃。其下的映像圈 (Photosphere) 里的温度，或者高至 9000℃。越近太阳的中心，温度和压力越高。太阳平均的温度据阿氏的学说计算，比它外面色圈的温度应高 1000 倍。在这种情形之下，按勒夏特列 (Le Chatelier) 的原则推测，太阳中部，应有特别的化合物，时时冲到外部，到温度较低的地方爆裂，因之生热。我们用望远镜往往看见太阳的表面有凸起的地方，或者就是这种冲出的气流。这种情形，如果属实，那我们现在从热的方面，无法推算出太阳自有生以来所历的年代。

关于这个问题，近年法国物理学家佩兰 (Perrin) 利用原子论和相对论做了一番有趣的计算。佩兰因为天文学家断定许多星云都是由氢气组成的，所以假定化学家所谓的种种元素都是由氢气凝结而成的。氢的原子量是 1.008，而氦的原子量是 4.00，那由氢而变为氦，必要失掉若干质量，质量就是能力，这些能力当然都变成热。照这样计算，佩兰算出太阳的寿命为 10 万兆年，地球年龄的最大限度，应为这个数目的若干分之一。但是我们若要从热的方面求地球自身的年龄，还不得不从地球自身的热量考虑。

我们都知道到地下越深的地方温度越高。地温的增加率随之多少有点不同，浅处的增加率与深处的增加率当然也不等。据各地方调查的结果，距地面不远的地方，平均每深 35 米温度增加 1℃。从这种事实，又从热能力衰退 (Degradation of Energy) 的原则着想，开尔文根据泊松 (Poisson) 的假说，追溯地球从前必有一个时期，热度极高，而且全体的热度均一，后来它的热能力渐渐发散，所以表面结壳，失热越多，结壳越厚。

启蒙时代的地质论战

地球是宇宙中一颗渺小的星体，是太阳系行星家族中一个壮年的成员，有多种丰富的物质，构成它外层的气、水、石三圈，对生命滋生和生物发展，具有其他行星所不及的特殊优越条件。

人类生活在地球上，在地球上从事生产劳动，要了解它的历史和现状，这是很自然的，也是有必要的。“地球上”这个词，从范围看，应该包括陆地、海洋和地球表面以下一定的深度，还有在我们地球表面以上的大气层。这层大气，也是地球上部的组成部分，大气的底部，与人类的生活息息相关，与地球表面所发生的变化，在很大范围内有密切的联系。人类在改造自然、改进生活的斗争中，一直在和地球的表层打交道。看来，有一种趋势，今后还要以更大的努力与大气层和地球深部不断地作斗争。关于大气层中各种问题的探索和解决，主要由气象工作者和天文工作者分别担任；地球表层和深部的探索工作，无疑属于地质工作的范围。

人类通过在地球上从事生产劳动，逐步对地球有所认识，那些认识，最初总是感性的。为了突破“必然王国”的束缚，进入“自由王国”，就首先需要掌握在上述范围内自然界不断发展的规律，才好总结自己的经验，从而把认识自然的水平提高。

地质科学大体上是在这种要求的基础上发展起来的。历史的记载告诉我们，自古以来，就有些人注意到构成地球表面那些有形的东西，不是永远“稳如泰山”“坚如磐石”，而是在不断发生变化。这在中国恐怕传说最早，如中国《麻姑神仙传》中就提出过“沧海变为桑田”。在古希腊，公元前500年，哲罗芬就注意到现今海水里的螺、蚌等类，在莫尔他岛上夹在远远高出海面的崖石中。其他，如宋代（12世纪）的沈括、朱熹，意大利的达·芬奇（15—16 世纪）对海陆的变化，都提出了比较具体的地质现象证据。所有这些，都是一些粗略的概念，而没有成为地质科学开始发展的基础。

近代地质学，可以说是从西北欧那个小天地之中开始发展起来的。当地当时极顽固的宗教势力，对自然科学，首先是地质科学，跟着就是生物进化论，是不共戴天的。尽管当时的宗教经过了一些改革，但那些宗教权威还是死死抱着一种传统的迷信来迷惑广大的人民群众，在意识形态上、政治上巩固他们的统治地位。他们说，世界是公元前 4004 年，上帝用了 6 天的工夫一手创造出来的。而地质学家和古生物学家，发现了越来越多的事实，与上述宗教的迷信是格格不入的。不仅格格不入，而且科学家的观点是为宗教所不允许的。这样，就发生了科学，首先是地质学与宗教的一场你死我活的斗争。随后，资本主义世界中，宗教势力有悠久的根深蒂固的传统，到了 20 世纪的时候，在西方，宗教势力的影响并没有肃清。

当地质学开始发展的时候，对地质现象进行探索的主要任务，都是立足在他们所见到的事实上而从事劳动，他们的大方向基本上是一致的。虽然，教会把他们这些人都看作“异端”，把他们的话都当作“邪说”，而他们彼此之间，却因为观点不同，对同样的现象认识不一致，这就形成了“水成论”和“火成论”两大学派。

一、水成学派与火成学派之争

以德国人维尔纳为首的水成学派认为，地球生成的初期，其表面全部被“原始海洋”所淹埋。溶解在这个原始海洋中的矿物质逐渐沉淀，从这些溶解物中，最先分离出来的东西是一层很厚的花岗岩，它铺在表面起伏不平的地球“核心”部分的上面，随后又沉积了一层一层的结晶岩石。维尔纳把这些结晶岩层和其下的花岗岩，称为“原始岩层”。他认为“原始岩层”是地球上最老的岩石。他又认为，由于后来海水一次又一次下降露出水面的、由原始岩石所形成的山头，经过侵蚀又形成了沉积岩层，他把这些沉积岩层称为“过渡层”。他认为，“过渡层”以上含有化石的地层，都是由“原始岩层”变相而产生的东西。他坚持其中所夹的玄武岩，是沉积物经过地下煤层发火而烧成的灰烬，不是岩流。1787 年冰岛（大西洋北部）炽热的玄武岩大量爆发，铺满大片地区，当时在西北欧，人们认为是轰动世界的大事。在这次大爆发发生 20 多年以前，德默里已经在法国中部一个采石场里，发现了黑色的典型玄武岩，他跟着这个玄武岩体一步步地追索，直到到达一个火山口。这一发现完全证明了玄武岩就是火山爆发出来的岩流。这个事实，给了水成论点以严重的打击。德默里经常不愿意和反对者争论，只是说：“你去看看吧。”然而，水成论者还是围绕着维尔纳，坚持他们的论点，始终认为玄武岩不是由熔岩凝结而形成的，而是采用了其他不大合理的解释。

维尔纳是当时最有威望的矿物学家。他亲身采集的矿物种类很多，鉴定分类工作也是丝毫不苟。

他对他的学生也非常认真、非常严格，可是他的性格是异常顽固的。他住在德国的萨克森地区，在一个小矿业学院里从事教学工作。他家境贫寒，没有资金到远处去看看，所以他所见到的地质现象仅限于萨克森地区的地质现象，对地质现象的解释，当然也受到了萨克森那个地区的限制。就萨克森地区来说，他的论点，大致也可以说得过去。

以英国人赫顿为首的火成学派认为，由多种矿物结晶，包括石英所组成的花岗岩，不可能是矿物质在水溶液中结晶出来的产物，而是高温度的熔化物经过冷却而形成的结晶岩体。由于花岗岩在地球表面的岩石层中占基础的地位，所以花岗岩的生成问题就和地球上岩石的生成问题，也就是地球发展历史的问题，在很大的程度上是分不开的。火成论者进一步从这种花岗岩母体的边沿部分，找到了许多由它分出的结晶花岗岩脉插入周围的岩石之中，认为石英这一类矿物绝不可能溶在水中，怎么可能从水溶液中结晶出来呢？他们更进一步察觉了和花岗岩体或岩脉接触的岩层，往往很明显呈交错和胶着的状态，这就更证明了高温熔岩侵入的作用。另外，火成学派经过仔细察看，组成玄武岩的矿物颗粒，也大都是从熔化状态下受到冷却而结晶的产物。诸如此类的事实，对水成学派的论点都是不利的。

赫顿这个人的性格比较温和，不像维尔纳那样顽固，没有做出像维尔纳那样公开顽强的表现，虽然他在内心对他那一派的观点是很坚定的，但在他的生前人们很少注意到他所提出的问题。赫顿这一派受到的压力，不仅来自水成学派，而且来自比水成学派更不利的宗教传统的信念，因此受到宗教很严酷的迫害。还有一个原因，就是赫顿学派转入了下一场激烈的斗争，即渐变论和灾变论的斗争。而宗教势力对渐变论的观点是痛心疾首的。

从地质科学的发展历史来看，在这个发展初期的阶段，水成学派和火成学派都做出了一定的贡献，在近代科学萌芽的阶段，他们在不断斗争中，陆续地把地质科学向前推进。

当时斗争的激烈情况，可以从下述故事得到一点印证。在苏格兰爱丁堡一个小山上的古城下，两派开展了一次现场讨论会，彼此互相指责和咒骂达到了白热化的程度，结果用拳头互相殴打一场，才

散了会。散会以后，在越来越多有利于火成学派观点的事实面前，一时在地质学中占统治地位的水成学派内部逐渐瓦解，一向坚决支持维尔纳的门徒也一个个溜走了，最后以水成学派的完全失败而告终。这样，人们对地质现象的认识就大大地提升了一步。

二、灾变论与渐变论之争

以法国居维叶为首的灾变论学派认为，过去世界上一次又一次发生过灾难性的大变化，经过每一次灾变，世界的景象突然改变。例如，过去有过洪水时期，在这个时期，洪水到处泛滥，山川原野和一切景物都改变了面貌，生物大批灭亡，经过这样一次毁灭性的变化以后，一个新的世界又重新出现。灾变论者指出，像1765年毁灭意大利的庞培和赫库兰尼姆那些巨大的繁荣城市，活活地把千千万万的人埋在横扫一切的岩流之下，当时，在西欧广泛引起了极端的恐怖。灾变论者抓住这些事实，于是纷纷议论，说既然现在在意大利的一个地区有这样的事实发生，难道在全世界更古的时代，就没有发生过规模更大的火山爆裂、白热岩流广泛流注，造成更可怕的灾难吗？如若灾变论者当时知道，在印度西部，大约在始新世时代，在中国西南部，石炭纪与二叠纪时代，地下突然有大量玄武岩迸出，范围之大远远超过了毁灭庞培那一次的火山爆裂。如若灾变论者当时知道，在人类已经出现的时期，在世界上不止一次出现了厚度达几百米乃至几千米的冰流，填满了山谷，覆盖了原野，形成一望无际的冰海，这个冷酷的景象，给人类和其他生物带来的灾难又是来得多么突然！多么可怕！我们今天追索地球上一切景物变化的过程，还可以代替灾变论举出其他不少毁灭性的变化来支持他们的观点。例如，在地层中我们往往发现古生物群忽然而来、忽然而去，等等。

另外，还值得提出的是，灾变论者指出了洪水为灾以致生物的大批死亡，这很接近《圣经》上所提的洪水为灾的故事，因而得到了宗教势力的支持。

灾变论者指出了地球上突然发生的巨大变化，

这对人们认识自然现象有一定的激发作用；而他们片面地强调这些现象，好像大自然的变化是没有秩序、没有规律的，这又对人们认识自然所需要的科学态度无所启发。

渐变论的倡导者，实际上也是以赫顿为首的。在他和水成论作斗争的年代里，他越来越清楚地认识了地球的自然变化，是极其缓慢的，现在是这样，过去也不外乎这样。赫顿认为，我们只能根据现在世界上发生的一切，来了解和追索过去发生的一切，他认为这是很现实的。什么世界时时受到超自然灾难的设想，对赫顿来说，简直是神秘不可思议的。他对于这一点的信心，最好是用他自己的语言表达出来。他说："推动自然现象除了对于地球是自然的力量以外，再没有别的力量可以适用，除了在原理上我们所知道的行动（指自然界）以外，再没有别的可以许可。"赫顿毫不含糊地指出，现在地面上的山谷原野，并不是一成不变的，而是逐渐消耗剥落成为泥沙、石子，被流水带到海里成层地积累起来，这些东西要是固结了就像陆上的岩层一样，积累是非常慢的。陆上那么厚的岩层应该代表多么长的时间！这就对地球的过去打开了几乎难以置信的漫长历史，这个漫长的地质历史时期，自然力流行，看来没有什么和今天不同。

赫顿的论点，在他生前虽然没有引起人们的注意，但到了他的晚年即 18 世纪的末叶，人们关于地层的知识一天比一天丰富起来了，因此灾变论也就不知不觉被渐变论代替了。特别是 18 世纪后期，英国的史密斯在他开掘运河的工作中，取得了大量有关地层的资料，运用化石划分地层、对比地层。根据化石的种类，不仅在西北欧那一小块地方建立了地层发展的程序，从而揭开了漫长的地质历史，而且这一方法的运用扩展到了世界的许多地区。

19 世纪中叶，莱伊尔的名著《地质学原理》一书，总结了到他那个时代为止的经验，提出了渐变论这个名词。他把对矿物、岩石、地层、古生物等方面的研究，都纳入了地质科学的领域。他第一次把维尔纳的“原始岩石”中的结晶岩层区分开来，称为变质岩类。“变质”这个词，明确地显示着一切变质岩类，都是由普通的沉积岩层经过高压和高温的作用，发生了结晶和再结晶而形成的。后来的工作，证明了莱伊尔的看法是基本正确的。

莱伊尔对火成岩的组成和形态做了分析，指出了它们在许多地质现象中，并不像火成学派与水成学派激烈论战时那么重要。从莱伊尔的著作中可以看出，地层中所含的化石，是追索地球历史发展过程的主要资料。莱伊尔的这个观点，奠定了现代地质科学发展的基础。可以说，100 多年以来，全世界的地质工作基本上是以地层学为主导的。人们在这里、那里，在这个时代、那个时代，发现了火成岩的活动、地质构造运动和生物世界层出不穷的变化等，都是在很大的程度上与地层学和古生物学的发展分不开的。

为了寻找矿物资源，世界上许多地区设立了地质调查机构，取得了大量的地质资料，特别是有关地层的资料，这就大大地扩展了地史学的领域，大大地丰富了它的内容。但是，由于 100 多年来，人们对地质现象的认识和采用的方法，基本上是以地层所提供的资料为主导的，这样做，固然发展了地质学，但也束缚了地质学的发展。地层的记录，无论在哪个地区，总是残缺不全的，即使把全世界各处保存下来的地层全部拼凑起来，也不能反映地质时代的全部历史，而地质时代的历史，仅仅是地球历史极短的、最后的几页。

在这 100 多年来，现代的地质科学没有重大的跃进，但也发现了一些极堪注意的大问题，至今还没有得到解决。现在，把这些重大的问题分篇扼要地叙述一下。

冰川的起源

地球表面之所以发生大规模冰流现象，是因为有种种不同的意见。其中比较重要的有下面几种看法。

(1) 由于太阳辐射热减少，以致全球表面平均温度下降；太阳辐射热增加，地球表面温度也就随着变暖。这种太阳辐射热增减的幅度并不需要很大，就可以产生冰期和温暖或炎热的气候条件。

(2) 大陆上升，气温下降，积雪扩大，形成相应广泛的冰流或冰盖。

(3) 由于地球轨道的形状、地球自转轴对黄道平面倾斜角的改变和春秋推移现象的影响，地球接受太阳的热的总量和南北两半球接受的热量也因而改变，以致产生气候的变化，特别是南北两半球的气候差别。

(4) 银河系旋转周期变更的影响。

(5) 由于大陆漂流运动，在不同的地质时期，各个大陆块对当时两极和赤道的地位各有不同。每一个时期，各大陆块接近两极的部分，就成为冰盖形成的策源地。

(6) 由于大气层组成的条件变化，如有时含水蒸气、二氧化碳和微尘、粒子特多，就会在一定程度上妨碍太阳热直达地面，尤其是水蒸气特多的时候，大约有 70% 由太阳送来的热反射到空中去了，这样地面的温度就会降低。

还有其他的一些论点。现在，我们看一看上面提出的几个比较重要的论点，究竟是否与地球长期以来发生的冰川活动的事实相符。

第一，太阳辐射热变化的论点，除了太阳黑子有一定的周期出现，因而轻微地影响地面的气候以外，没有发现任何可靠的理由来说明在地球漫长的历史时期，太阳有周期地或不规律地大量增减它的辐射热。

第二，大陆上升，当然会使大陆上升部分的气候变得更为寒冷。例如，有人认为，中国，特别是中国东部以及西伯利亚太平洋沿岸地区，在第四纪时代，平均高度可能达到海拔 2000 米以上。又如，在石炭纪与二叠纪时代，在印度半岛的中部，也是高原或高山地区，以致成为一个冰盖结集的中心，冰流向周围的地区流溢，等等。从这个论点出发，又向前推进一步，有些人认为，一次强烈的地壳运动，特别是造山运动的时代以后，就会来一次大冰期。这个论点，就某些地区来说，是可以作为进一步探索的基础，但远不能与全部事实对应。

第三，我们知道，地球轴像陀螺轴摇摆的周期那样，有一定的摇摆周期，这个周期是 2.6 万年。地球轨道的偏心率变化，是 9.2 万年一个周期。地轴对黄道平面的角差，现在是 23°30′，在 21°30′—24°30′的限度内，一直经历着有周期的改变。这个周期是 4 万年。这些变化联合起来，就会使地球接受太阳的辐射热量发生变化，从而使地球表面的温度发生变化。有人使用这些变化数据的组合画出一条曲线，表示 60 万年以来（最近又有人把这个曲线延长到 100 万年以来）地球上温度的变化。从这条曲线中可以看出，有一个长期的凉夏，以致在适当的纬度和高度的地区，冬天的积雪不致融解而形成永久的冰盖和冰流。又可以从曲线中看出，有几段较长的时期，即间冰期，夏季较热，以致冬季的积雪全部融解了。这种解说，可以勉强说明第四纪的冰期和间冰期的存在，但对那些更古老的冰期，在时间上的分布，就不相符合。

第四，银河系的旋转，大约 2 亿年一个周期，这又和三大冰期以及更古老的冰期之间相隔的时间不符。

第五，如若把非洲、澳大利亚和南美向南挪动，靠近南极大陆，可以说明上古生代大冰期中，这些大陆南部都发生了冰期；但如果像有些人所主张的那样，还要把印度的北部从西藏底下抽出来，再把整个印度送到南极大陆附近去，从大陆构造的一般规律来看，就太玄妙了。

第六，大气层中的水汽，主要是由于陆地的水分和海水的蒸发而来的，也许可能有一小部分是由太阳发射质子向地球冲击，与大气上层的氧气遭遇而形成的。同时，在80余千米的高空中出现云层，构成这种云层的水分，其来源似乎与普通降雨的云层有所不同。大家知道，水是由氢和氧化合而成的，如若太阳发射质子轰击地球果真是事实，那么这种情况，在地球漫长历史过程中，就不是时不时，而是会持续不断地出现。这样，大冰期就无时间性。那些大气层中的二氧化碳，主要是生物供给的，小部分是由火山喷出来的。有人强调，过去火山爆发，从地球喷出大量的二氧化碳，给了生物滋生的条件，形成了如石炭纪与二叠纪的煤层。但是，从地质上找不出这种迹象。因此，这个论点是不能成立的。

宇宙微尘粒子存在于天空中，确是事实，在大洋底某些地方的一层极薄的红泥中，有一极小组成部分，来自宇宙空间，但它的降落不是时多时少或具有间歇性的，而是具有经常性的；也很难设想，在冰期时代，由宇宙空间忽然来了大量的宇宙微尘，以致大气层遮断太阳辐射热的作用，发生了巨大的变化。

看来，这些论点都不能解释冰期的出现。冰期是有时间性，但没有一定的周期。现在看来，冰期究竟是怎样产生的这个问题还没有得到解决。

有人从海洋方面，获得了海水和气温有关的一些现象，有些人对气温和海水的温度，从古生物方面获得了一些有关的“证据”，这主要是根据孢粉和古代植物的残迹，以及氧 16 和氧 18 两种同位素成分对比的鉴定，得出了比较可靠的结论。通过这些方法所获得的结论是：在侏罗纪时代，某种海生碳酸盐介壳中所含的氧同位素的比例，证明在侏罗纪时代全世界海水的温度是比较温暖的，到了白垩纪时代，平均温度稍低，但还没有降到结冰的程度。这样看来，海水在侏罗纪以来囤积了大量的热，估计至少在最近5000万年的时期是这样。但是，到白垩纪的后期，海水的温度逐渐降低，到了第三纪的时候，还继续下降。在太平洋底采取的孔虫化石，从阿拉斯加、西伯利亚海底，一直到太平洋赤道附近的若干地点所取得的样品，都同样表示海底温度继续下降的趋势。到第三纪的末期，太平洋海底的温度接近于零度。这时候正是第四纪大冰期将要开始。这些事实，从海洋方面提出了一个新的问题：海水失掉热量，继续冷却，和第四纪大冰期的出现，究竟有无联系？

对这个问题，多数人的意见是肯定的，并且有些人还提出了发展的过程。他们认为，在北极圈的范围以内，由于北冰洋周围四面都是大陆，仅仅在格陵兰和西北欧大陆之间与大西洋相通，在亚洲与美洲大陆之间，白令海峡可能也是通向太平洋的通道。北冰洋在这样一个半封锁的情况下，其洋面由于缺乏潮流的循环，它的表面就比较容易结冰，一旦结了冰，冰面对反射太阳热的作用，就必然加强。

这样它下面的海水，就形成一股冰流向大西洋和太平洋方向流去，使得大西洋和太平洋北部的海水逐渐变冷。这样下去，在这两个海洋北部邻近的地区，就创造了形成大规模的冰盖、冰流的必要条件：一是温度下降的程度和范围逐步扩大；二是有两个海洋供给充分的水分，使大陆上得到充分的降雪量。

按这样一个发展的过程来说，第四纪的大冰期，在北半球是由冻结了的北冰洋、格陵兰及其他邻近北冰洋、北太平洋、北大西洋地区开始的。这个推断，大体上与事实相符。在南半球，因为有一个南极大陆，四面为大洋所围绕，在那里形成大规模冰流、冰盖的上述两个条件早已存在，因此大冰期在南极大陆的开始应该更早一些。事实上，在格雷厄姆（南极半岛）早已发现了第三纪初期即始新世的冰碛物。这就更进一步加强了上述对第四纪大冰期发展过程的推断。

这样一个第四纪大冰期发展的过程，是不是无穷无尽继续往前发展的？不是的。一个有趣的自然现象就在这里，当冰盖和冰流扩大了它们的范围，必然引起冷而干的气流向外扩散，以致冰前的海域和地区温度继续降低，降雪量减少，由于缺乏给养，冰盖和冰流就不得不后退。就是说，冰盖和冰流的发展达到一定的程度，就会产生消灭它自己的倾向。自然界有不少的事例，表明由于它自己的发展而归于消灭。因此，上述论点，可以说是符合自然辩证法的。

地球上有许多局部地区，在不同的地质时代，发生过局部冰流泛滥的现象。这些由于局部的地质、地理条件所引起的冰流泛滥现象，与全球性或地球上广大面积陷入冰天雪地的景象意义迥然不同，那种局部发生冰盖或冰流的原因，应该从它们发生的地区和时代的古地理，古气候以及当时、当地的地质条件中去寻找，而大冰期的来临必然影响全球，是地球发展史中不可忽视的一件大事。

本篇撇开了局部冰流泛滥的问题，仅就大冰期的出现汇集了一些有关的资料和论点，其目的是企图阐明地球作为一个整体，在这一方面——主要是气候方面的经历，与它在其他方面的经历做个对比，以便寻求地球全部的历史发展过程。遗憾的是，在这一方面我们获得的成果还是很有限的，还有大量的工作有待于今后的努力。

为了总结经验，删去烦琐，现在把本篇中提出的一些重大问题，归纳为以下几点。

(1) 地球存在的漫长历史过程中，反复经过几次大冰期，其中最近的三期都具有全球性的意义，时期也比较确定。这三期就是第四纪大冰期、晚古生代大冰期和震旦纪大冰期。震旦纪以前，还有过大冰期的反复来临，但时代不大明确，证据有时也不大清楚。

(2) 每一次大冰期中，都有冰盖和冰流扩展和收缩或消失的现象相间，分为几个亚冰期和间冰期。亚冰期是气候寒冷，降雪较多，冰层积累较厚，冰盖和冰流扩展的时期；而间冰期是气候温暖甚至炎热的时期，在间冰期中，冰盖和冰流收缩，甚至大部分消失。

(3) 在三大冰期的时期，都有生物存在。虽然在震旦纪时代，只见有原始藻类繁殖的遗迹，而其后发生的两大冰期时代，都有高级生物继续生存，这就证明冰期时代，地球表面温度下降的幅度，并未大到使生物全部灭亡的程度。

(4) 第四纪和震旦纪大冰期都是全球性的。但晚古生代的大冰期，普遍影响了南半球；在北半球，只在印度留有遗迹，而印度，有些人认为是从南半球漂流来的。

(5) 最后三大冰期，显示规律性不强的周期性，每两次大冰期之间，相隔 2.5 亿—3.5 亿年。似乎有一种倾向，越古老的冰期，相隔时间越长。

(6) 冰期的起源，看来是由一些非周期性的因素和一些周期性的因素复合起来而决定的。在这一方面，还有待于投入大量探索性的工作，才能得出最后的结论。

人类的出现

自然界中生物的发展，终于导致人类这种能改造和征服自然的特殊生物的出现。

真正的人，能制造工具的人，出现在最近 100 万年之内。对悠远的地球发展史来说，100 万年只是一个很短暂的时间；但和人类有文字记载的历史相比，毕竟是太远了。人们总想弄清这 100 万年之内发生的事情。

最初，在世界各民族中都流传着关于人类起源的各种神话和传说。拉马克在 1809 年出版的《动物哲学》这本书里，指出人类是起源于类人猿，才开始突破了传统的神话传说，震撼了宗教迷信。达尔文在 1871 年出版的《人类的起源与性的选择》一书，指出人类和现在的类人猿有着共同的祖先，是从已灭绝的古猿演化而成的，从而阐明了人类与动物的共同性，进一步奠定了人类在动物界的位置。伟大的革命导师恩格斯在1876年写成的《劳动在从猿到人转变过程中的作用》的著名著作中，运用辩证唯物主义的观点，揭示了人类起源和人类社会产生的规律，提出了劳动创造人的科学论断。恩格斯不仅肯定了人类与高等动物的一般的共同性，更

重要的是指出了人类与动物最本质的区别，即人类能制造工具并使用工具从事劳动，来支配和改造自然；而一般动物则不能。本身具备着可能发展条件的人类的远祖，正是在一定的环境条件下从古猿分化出来之后，通过必需的生活活动，使前肢解放为手，用双手制造并使用工具来改造自然，在改造自然的进程中逐步改造了自身，终于由接近类人猿的原始人发展成为现代人。

人类的发展可以分为：古猿（开始从猿的系统分化出来）—猿人—古人—新人这四个阶段。在我国发现的“中国猿人”“马坝人”及“山顶洞人”，分别属于猿人、古人及新人。实际上每个阶段都包含着人类在发展中的一次质变的飞跃。

在本编中，作者对地球进行了概述。那么，地球究竟多大年龄了呢？各国学者们纷纷研究，各抒己见，但是由于材料有限而不能精确地得出时间。如今，地质学家、天文学家及其他科学家们还在不断地探索地球的奥秘。

中编 地壳

地质的运动有时很激烈、很迅速，有时却很缓慢，不容易被察觉。那么地壳到底有多厚呢？这一观念又是如何产生的呢？下面就让我们一起看看地壳的奥秘吧！

地壳的概念

原始地球，有些人认为其表面有全球性的海洋覆盖，后来才划分为海、陆。也有些人认为，所谓全球性海洋，纯属无稽之谈，自从地球形成以来，有了水就有了海陆的划分，海与陆，是原始地球固有的表面形态。这两种设想，都是空想，都无可靠的根据，也不值得议论。我们现在谈地壳的问题，只好从实际出发，从地球表面现实的状态出发，这个现实的状态，至少在二十几亿年以前，已经基本上形成了。自此以后的地球，只是在有了岩石壳、陆地、海洋、大气的基础上向前发展的。

地质工作者所能直接观测的范围，到现在为止，只限于地球的表层。这个表层，只占地球表面极薄的一层。但是，构成这一薄层的物质和它结构的形式，却反映了地球在它的长期发展过程中，内部和外部各种变化正负两方面的总和。

内部变化，主要是建造性的，但有时既有建造作用，又有破坏作用，如岩浆（即炽热的熔岩）上升，或并吞和熔化上层某些部分，继而又凝固；或侵入上层，破坏了它的完整性，同时又把它填充、胶结起来，而成为一个新的、更复杂的整体。外部变化，在大陆上，主要是破坏性的，而在海洋中，主要是建造性的。但有时与此相反，在大陆上某些地区，特别是在干旱和低洼地区，被破坏了的物质，积累起来而成为建造；在海洋中，由于海底潮流的作用，把已经形成的建造，部分或全部冲毁，被潮流带到其他海域，再沉积下来。

所谓地球的表层，并没有明确的界限。概略地讲，就地质工作者直接观察的范围来说，在某些褶皱强烈的山岳地带，能观测的厚度不超过十几千米，而在另外一些地层平缓的平原地区，能直接看到的地层厚度那就很有限了。这样的厚度，比起地球的半径来说，是微不足道的。还必须指出，人们能直接观测的厚度，仅仅是地球表层的上部。表层究竟有多厚？由于没有明确的界限，所以谈不上地壳的厚度。但是，我们可以从这个能见到的表层中，找出与地球漫长的历史发展过程有关的资料。

很早以来，人们从地球的表层所得到的印象，逐渐形成了地壳的概念。随着地质科学的发展，地壳的概念逐渐变得比较明确了。但至今还很难指出全球地壳的厚度究竟有多厚，控制地壳形态的主要因素又是什么。现在，综合各方面的探索结果，来看我们今天对地壳的认识达到了什么程度。

地壳

人们都以为我们住在地壳的表面，实际上我们并非住在地面，而是住在地中。我们的头上还有一层空气压着我们，包着我们。这层气壳的厚度，大致在三四百千米以上，不过越向上走，气壳的密度越小，压力也越小，高到四五十千米的地方，气压已经比一厘米水银柱的压力还小。我们住在气壳底下，正和许多海洋生物住在海底，抑或蚯蚓之类住在土中相似。气壳的组成，并非上下一致的。下部氧气较多，所以生物得以生存。越往上走，氮气越多，到 100 千米以上，几乎完全是氮气。再上是氦气 (He)，更上是氢气 (H_2) 成了主要的成分，严格地讲，这一圈大气，要算是地球的表皮，要算是地壳，但是因为流质的关系，普遍不认它是地壳。我们不仅不认大气层为地壳，连那海洋也不认为是地壳的一部分。

实际上所谓地壳者，虽无严密的定义，然而大致可说是指地球上部由普通岩石组成者而言。普通人所见者，只是岩石层的表面。地质学家所见者，也不过从最新的地层到最老的地层以及各种所谓火成岩，一名凝结岩。那些极新的地层到极老的地层在一个地域总共的厚度，至多也不过 20 余千米。然而我们怎样知道地下还有类似地表的岩石？又怎样知道这些岩石往下伸展到一定的厚度？更怎样知道地下是固质或液质抑或气质组成的？这些问题如果都是悬案，我们有何理由说出地壳的名词？

然而地壳的名词，久已被人用了。地壳上的人们，不见得对于地壳有极明显的了解。只是揣想着地下的材料总和在地表露出的材料不同。这种观念的产生，大约一方面受了星云学说的影响，另一方面又因为火成岩和地温的分配，似乎地下越到深处，温度越高，若温度超过一定的限度，一切的固质，不免变为流质，火山爆裂，岩流迸出，骤然一看，似乎都可以作为流质地球的证据。而所谓地壳者，正如蛋壳包着卵白、卵黄。可是天体力学者告诉我们，这样鸡蛋式的地球，是不能成立的。如果地球是像鸡蛋式的构造，它早已受不起旋转和日月吸引的力量，绝不能成现在这样的形状。

传统思想，如此的混沌。因此，对于地壳这一个名词，我们不敢任意接受。我们如若还想利用这一个名词，不能不做进一步的追求。且看我们能否替它找出相当的意义，地壳的命运，就决定于这些。我们没有方法去打极深的地洞，看里面的情形。现在世界上用人工凿出的最深的地洞，也不过 2000 多米。地球如此之大，就是再凿穿 2000 米，也算不了一回事，况且越到深处，工作的困难，增加越多。我们还要知道世界上有许多的事物，我们尽管能看见，能直接地感触，却不见得就能认识，就能了解。观察是一回事，了解又是一回事。所以要看地球内部的情形，不能用肉眼，只能用智眼，不能直接地检查，只好用间接的方法探视。间接的方法，可分为下列几项，当然，仅就重要者而言：(1) 地温；(2) 岩石的分配；(3) 地震；(4) 均衡现象（内文均从略）。

依前述种种观测判断，地球的表面，除了大气层和海洋之外，确有较轻的岩石，构成地壳。在大陆方面，地壳可分为两层，其间界限，不甚清楚，一名里壳，一名表壳。表壳由酸性岩石如花岗岩之

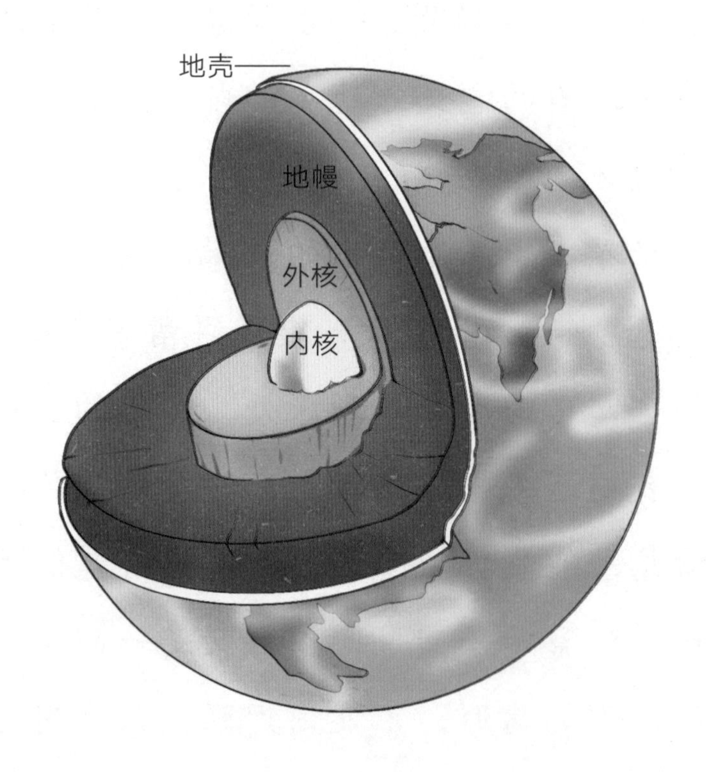

类构成，里壳由基性岩石如玄武岩玻璃之类构成。在海洋方面，尤其是太平洋方面，似无表壳，只有里壳。大西洋为一个比较新成的海洋，所以情形稍有不同。表壳的厚度，至少有 15 千米，也许到 20 千米以上。里壳的厚度，大致与表壳相等。两壳总共的厚度至少有 30 千米，也许厚到 45 千米。这是就普通的厚度而言。在特别的地方，它的厚薄，也许不是完全一致，不过不能超过此限太远。地壳以下，便是极基性而且甚重的岩石，与造成地壳的材料，性质颇有差异，现在我们所知道的情形，仅此而已。

中国地势浅说

本文讨论的问题，是中国地势的沿革，与中国疆域的沿革，以及中国内部政治区域的沿革，是截然两道。疆域的沿革和政治区域的沿革，是人类发生以后的事——是人类有了政治的组织以后的事，所以，这些问题，当然归历史学家研究。至于我们现在的问题，包括人类发生以前或人类在极幼稚时代——那就是与猴子时代相距不远的旧石器(Paleolithic)、新石器 (Neolithic) 时代，在我们现在所谓中国的这一块地域里的海陆陵谷之变迁，以及气候之更迭等事实。总括这些变迁，似乎应有一个专门语，在未得妥当的名词以前，我现在试称之为地势的沿革。那就是地质史的一个方面。研究这个问题，固不待言是我们地质学家的事。

欧美各国的地质学家，关于他们本国地势的沿革，多少都有点研究。联合参详各处研究的结果，我们今天才知道人类的祖先还未到这个世界以前，就已经有了很久和很多的沧桑之变。然而，关于我们中国这一大块地皮，除了几个好事的、冒险的欧美人以外，竟然没有多少人过问。我们现在关于自己国家地势的变迁的知识，大半是由这些冒险家得来的。他们对于学术上既然有如是的贡献，现在我趁这个机会，把他们几位的名字列举出来，聊以表达我们的感谢。

1862—1865 年，美国的庞佩利 (R.Pumpelly) 可算得是头一个到中国来研究地质的地质学家。他所研究的地域，大半限于满洲、内蒙古及其他东北各省。三年后，德国的李希霍芬 (F.V.Richthofen) 也来中国着手他的毕生事业。在李希霍芬前后有大卫 (A.David)，他曾到过内蒙古、江西，并横越秦岭东部；又有金斯米尔 (T.W.Kingsmill)，曾在长江流域调查；又有比克莫尔 (A.S.Bickmore)，曾由广东走到汉口。他们虽然多少各有点贡献，然而与李希霍芬却是不可相提并论的。

1877—1880 年，奥地利的洛克齐 (L.Loczy) 随着塞切尼 (Széchenyi) 的科学调查队，由长江下游穿过秦岭，入甘肃，沿南山（即祁连山）东北麓行进，转折经过四川北部、西部，再由云南的西部而到缅甸。当时内地风气不开，地方自然不免有仇外的情形。据云，洛克齐曾经过种种困难。再数年后，有俄国地质学家奥布鲁切夫 (V.A.Obruchev) 往来于南山数次，并历四川北部及内蒙古等处。1898 年，福德勒 (K.Futterer) 由新疆穿过沙漠，复由甘肃过秦岭，出长江下游。其采集的材料颇为可观，可惜未加以详细地分析和编纂。其余如灵奈特 (F.Leprince Ringnet)、洛伦茨 (Th.Lorenz)、福格尔桑 (K.Vogelsang)，对于中国东北部及川、鄂毗连各属，均各有研究，尤以洛伦茨在山东调查研究之结果，在地层学上最为重要。

当这些学者在那里做断断续续的调查研究的时候，李希霍芬发表了许多关于中国地质的论文，并陆续刊发他的名著《中国》。这一部书，一直到今天，也算是关于中国地质的最重要的著作，可惜书未写完而本人已去世了。1903 年，美国地质学家威利斯 (Bailey Willis) 和布莱克威尔德 (E.Blackwelder) 受卡内基学院 (Carnegie Institute) 的委托，来中国调查地质。他们在中国不过 5 个月，曾到山东、辽东，又由河北南部入山西东部，经过唐县、五台、忻州、太原、西安，复由西安穿过秦岭，经过川东、鄂西诸属，至宜昌终止。他们此次研究的成绩，以他们所费的时间而论，可算得不少。

至于中国西南各省地质的情形，大半是由法国人考察出来的。最初有湄公河的调查队，继以莱克莱雷 (Leclère) 及雷当诺 (Lantenois) 的调查队。1910 年，戴普勒 (J.Depart) 对于云南东部的地质，似乎费了一番力气，外界对于戴普勒之为人，虽有种种非议，然而他所编的报告，究竟未可一概轻视。

近 20 年来，日本人对于中国的地质，往往有所著述，其中以横山、矢部、后藤、早坂、小野等人著作较多。他们的著作，大都是东京帝国大学理科报告。我们可在日本地质学杂志、地质学报及其他一二流大学的报告中，寻出他们的著作。这都是颇有价值的东西。

中国人研究中国地质而有成绩可考者，据我所知，自丁文江、翁文灏、章鸿钊三先生始。自北京地质调查所成立以来，我们关于中国地质的知识，大有日新月异之势。但是我们中国的面积，如此之大，考察出来的结果，如此之少，要想讲讲中国地势的沿革，谈何容易。所以我们现在所能讨论的，只是一个简而又简的概略。至于详细的情形、确实的证据及还有许多其他方面，则不能不待我们自己发奋有为，到各处观察，仔细研究。可以供我们讨论的材料的来源，大致如此。现在我们应当进一步划定讨论的范围，那就是我们所讨论的地势沿革应从什么时代起。据数十百年来地质学家的观察，我们现在视为千古不变的山川岩石，无一时一刻不在变更。不过变得极慢，所以大家都不知不觉。又据种种地质学上的事实，我们敢断言地面变更的情形，在人类出现以前，有许久的时间与我们现在目击的变更，无论就种类而论，还是就程度而论，无极大的差异。这就是匀和的学说，创于莱尔(Charles Lyell)。我们谈地质史最重要的根据，就在这个原则的身上。然则我们现在不能不问，这种匀和的变更是无始无终的，抑或到了一定过去的时代匀和的原则就不能适用了？如若从今日起，向过去推去，推到一定的时代，当时变更的结果与现今截然不同。那时导致变更的原因亦必不同。那是匀和的变更，在地球上从那时才开始。我们地质学家考究一地的地质史，也只好从那时起。比喻历史学家考究一国一民族的历史，只好从那一国一民族初有历史记录的那一天起。

关于匀和说适用的范围，自莱尔以后，学者主张颇不一致。极端主张匀和者，以为递积岩初发生的时候，就是匀和的变化开始的时候。这种主张，不过是一个主张，我们颇难判决它的是非，也不必判决它的是非。

古生物学家和地质学家依古代生物继承的情形，及古代地壳极显著的鼓动，将海陆划分以后，直至今日，地球所历的时间，分为若干时代。正如历史学家将中国历史分为若干朝代一般。学地质学的人大概都知道的，这些地质时代如下表所示。

时代名目			距现今的年数（以百万为单位）
新生世	最新（Pleistocene）		约 1.0
	更新（Pliocene）		约 2.5
	次新（Miocene）		约 6.3
	少新（Oligocene）		约 8.4
	初新（Eocene）		约 30.8
中生世	枯烈纪（Cretaceous）		—
	侏罗纪（Jurassic）		—
	三叠纪（Triassic）		—
古生世	二叠纪（Permian）	煤纪	—
	葭蓬纪（Carboniferous）		约 146
	泥盆纪（Devonian）		—
	志留纪（Silurian）		—
	奥陶纪（Ordovician）		约 209
	寒武纪（Cambrian）		—
	亚尔艮纪（Algonkian）		—
	玄古纪（Archaean）		710

在学过地质学的人看来，有时代的名目便够了，然而未曾学过地质学的人看了这些名目，如未学历史的人看了周宣王时代，罗马恺撒 (Caesar) 时代等名目一样，没有什么意义，所以我把这些时代到今天大概的年数举出来。这些数目，是从含放射元素的矿物中推算出来的，并不可靠。所以列入表中，不过借以表明年代之长。表中所列的各时代，都有特别的岩层及生物群为代表，最要紧的是上面各时代的次序。我们人类初发生的时期，现在虽不能十分准确地断定，然而顶古也不能过“更新”期。新生世之初，才有哺乳动物发生，二叠纪时鸟始生，志留纪时鱼始生，寒武纪初组织较完全的动物如三叶、腕足类、珊瑚类始出现，而以三叶为最盛。寒武纪以前，亦当有初级的生物生存于世。然而留下的遗迹极少。这是生物学、地质学上极有趣的一个问题，而在中国北方研究要算正好，因为在中国北方寒武纪以前的岩石极为普遍，并且有一部分未曾遭甚大的变更，如藏有化石，不难详考它的形状。就我们现在地质学上的知识判断，匀和的变更，至迟也必不在亚尔艮纪以后。

那么，我们现在讨论的范围，无妨就从亚尔艮纪的末期起。范围既定，关于我们研究的方法、讨论的根据，不能不略加以解释。我有一位同事，他曾教授人类学，有一天他正好老老实实地把历史以前的人类的生活状态说了一番，说完了，有一个听讲的人起来质问他，说：“我们知道历史的事实，因为有史册记载可凭。你所说的历史以前的人类生活状态，既无记载可据，你何以知道？你的话我都不信！”我那一位同事生了气，以为这个人对于学术太无信仰，不足与之谈。我却以为那一位质问的先生很有道理，我们如若将他的疑问稍加分析，就知道他的用意是要问用什么方法、有什么根据，使我们知道历史以前的人类的生活状态。现在我们在讨论中国地势的沿革以前，似乎也应当把我们的方法说出来，并且同时把我们的根据扼要地摆出来。即使我们的推论结论不对，我们所举的事实还是事实，那些事实总是有用的。

讲地质学的人都知道一个老比喻，那就是我们脚踏的地层，好像是一册书，一层就是书的一页，书中有文字图画描写事实。地层由种种岩质构成，并有时夹着生物的遗体。我们知道现在地球上某样的地域，常由某种的岩石堆积成层。所以从过去时代所造成各地层质料的性质，我们可以推测当时岩层停积之处为何种地域，或为湖沼，或为河床，或为海湾，或为深洋。岩层中所夹的化石不独表示岩层生成之年代，并且有时亦能表示其生成的地域，因为大洋的生物群、浅海的生物群、咸水中的生物群、淡水中的生物群，各有特象。地质学家所当研究的，就是这些事。诸如此类，数不胜数。我现在不过举一二最显著之点，以求见信于非地质学家而抱怀疑态度的人。不怀疑不能见真理。所以我很希望大家都持一种怀疑的态度，不要为已成的学说压倒。

现在我可以接着讲中国地势的沿革了。头一件我们当注意的事，就是中国的地质构造可分为南北两部。秦岭山脉为天然的界线。秦岭以北称为北部，秦岭以南称为南部。中国南部地层的构造较为复杂，所以我们知道中国南方地势的变迁较为复杂；北方构造除西北一隅外，极为简单，所以我们知道北部海陆的变迁颇为简单。

玄古的岩石在中国北方露头甚多，在山东东部、东三省尤著。内蒙古、山西、河北各处都有露头。此项最古的岩石，威利斯和布莱克威尔德称之为泰山杂岩。因为造成泰山的岩石，据布莱克威尔德的观察，都是属于这一类。泰山杂岩中夹着许多片麻岩。那些麻岩，也许是砂泥质的变形。假若它们果真是砂泥质的变形，那是在玄古的时代海陆早已划分，种种地质的变更，已经照常进行，但是它们原来是不是砂泥，还在未定之域。即令是砂泥等质，即令它们足以表示玄古时代侵蚀的作用，然而那泰山杂岩中的各项岩石，都经过剧变，杂乱无章，由某种岩石的分配而断定当时海陆的分配，是绝对做不到的事，所以玄古时代中国的地势问题，我们现在尽可不必做无谓的讨论。以前所定讨论的范围，就研究的方法看来，实在是不得已而划定的。

侏罗纪与中国地势

侏罗纪以后，一直到今天，在中国所生的地层极不完整。就是那枯烈时代（一名白垩时代），欧洲的海里造了几千尺厚的石灰岩和白垩。然而中国除了四川赭盆中，多少有点淡水停积物为这个时代之纪念以外，从未闻有何项枯烈纪的层岩。就现在我们的知识判断，中国本部绝无那时的海洋停积物可寻。

至若新生世的停积物，在中国已经发现的共有几种。那就是：①含煤层的泥砂岩。辽河流域、朝阳、抚顺等处的煤层大部分属于这个时代。云南、内蒙古等处的也是属于这个时代。②红砂岩。这种砂岩不独遍布于长江各省，北至甘肃、内蒙古，南至广东，都有它的代表。这里边发现了许多哺乳动物的化石。中国人向来把这些化石当药品用，巧名之曰龙骨龙齿。据施洛瑟 (Schlosser)、孔庚 (Koken) 等人的研究，这些龙骨龙齿，大半都是“更新”期的生物遗骸，有时也有“最新”期的生物遗骸。③瀚海层。分布于蒙古、新疆、甘肃各处。④湖沼停积。戴普勒曾在云南东部，安德松 (Andersson) 曾在山西南部 (垣曲) 遇见这种岩层。⑤汶河砾岩。布莱克威尔德曾于山东的汶河流域及河北的宁山盆地遇见这种岩石。⑥黄土。遍布于秦岭以北。除了以上所举的几种停积物以外，还有大堆的火山喷发物，张家口外的火山岩流，就是最显著的。

自从侏罗纪的末期中国的地盘隆起后，中国已经成了一个大陆国，南北虽都有内海以及湖沼，然而都不甚深。地形平均甚高，所以侵蚀的力量甚烈。久之侏罗纪末期所造的山岳，如秦岭等，渐渐失却了崎岖之象，那时，中国可算得上一个高原。一直到初新生的末期，中国还是一个高原，当然高原上有河流湖沼。

到新生世的中期——大约是“次新”的时代，

世界又发生了地势大革命。欧洲产生了阿尔卑斯山脉，其影响及于全欧。亚洲产生了喜马拉雅山脉，中国的本部亦产生了两条山脉，并驾齐驱。这两条山脉，就是我们今天所看见的秦岭和南岭。因为这两条山脉的产生，几条大河随着产生。到这时候，黄河、长江、西江的流域已经大概定了，与现在差不多了。此次变动，大概是由南方来的，因为此次所造的山脉，大概都是由西至东。这回的革命影响之远大，绝不亚于泥盆纪初的喀道利呢大陆改革、煤纪中的赫辛尼大陆改造。

此次变动的结果，不仅是地面山川的改造，就是内部的地层也产生了许多很大的裂缝，并且有许多地盘陷落。于是火山爆发，岩汁迸出。内蒙古南部，展眼数千百里，都是一片焦灼之相；辽河以东、东南海岸各处，时时亦有岩汁火灰喷出。不独中国如斯，就是西北欧，由英国西北部一直到冰岛(Iceland)，也是火焰不熄。地力的运行，可谓极一时之盛。

经这次剧变之后，中国的风景迥不如故。北方除了几个浅湖以外，都是平原或高原；南方山环水曲，森林遍地。所以幸好原野的动物如马类(Hipparion)都栖息于北方；而幸好卑湿、森林的动物，如鹿豕之类，繁殖于南方。据施洛瑟的研究，它们的祖宗也许是由北美洲来的。

地上的变更，不遑宁息，新造的高山渐被摧残。所生砂土，都转到附近的湖沼或海湾里去。于是红色砂岩便产生了。到了“更新”期的末期，世界的气候慢慢地变冷。北美、北欧等雨雪较多的地方，成了一个漫天漫地的冰雪世界。中国那时的气候如何，颇难断言。据我去年发现的几件事实推测起来，中国的气候也应是极冷，北部并有冰川流动，但是这个问题究竟如何，还待一番研究。

自从冰期以后，人类渐渐进步，在生物中称雄。因为中国北部的海渐渐枯竭，气候渐渐变干，风吹尘土，转扬几千百里。于是秦岭以北，大部分渐埋没于黄土之下。这种黄土，今天还在转移生长。

新生世中期大革命以后，中国的地势并不十分安定。中部的秦岭，恐怕还是继续地隆起。因为长江在四川赭盆的东部向地势较高的地方流动，水只能往低处流，所以能穿过高地者，必是先有河流而后地面上升。河流侵蚀的速率，与地面上升的速率相等或较大，所以水能流过。其余还有许多同样的证据，表示地壳近世的变迁，现在我们不必一一详论。

纵观几万万年的历史，我们现在知道我们中国这一块地皮，并不是生来就是这样的，至少经过几次大变革。我所说的大变革，仿佛给人一个骤起骤落的观念。这个观念完全是错的。我们要知道一两百万年，在地质学家心目中，只当寻常人心目中的一两天或一两个月。地质学家的近世至少要与历史学家的“盘古”以前相当。所以就是过去时代有极快的变更，绝不是整个的山海忽然不见了。现在就有许多事实，表明我们现在所居的时代，就是一个地势大变革的时代，即此可想象过去大变革的情形如何。

我一场话虽然多少有点根据，然而不过给大家一个概念。可惜我们所知道的地层学上的事实太少，不能把我们的讨论弄得更有趣味，若是严格地讲起来，我们中国地势的历史还是黑暗的。要把这个过去黑暗的中国弄得大放光明，那得有赖于我们大家将来的努力。

风水之另一解释

世界的组织我们都知道，是一个极复杂的东西。它各部分彼此的关系，各部分彼此的反应，各部分彼此的牵制，往往在我们的意料以外。这固然不足为奇，因为自从我们像猴子的祖宗一直到现在，我们人类所得的知识还是有限的，但是有时候我们睁着一对好眼睛做盲人。有许多事情我们并不是不知道它们彼此的关系密切，然而我们却把那种关系忽略地看过。忽略看过的缘故，或者是因为那些关系的影响太小，我们看不清楚；或者是因为影响太大，我们看不完全。

近年来科学的范围渐渐地扩充，什么黑暗的地方，我们都要用科学的光来照他一照。从前人信为真实的事，有许多我们都知道是迷信；又有些从前以为是迷信的事，我们倒渐渐地觉得它有点道理。比方鬼那个东西，我们从前都以为它不存在，一切谈鬼都是胡说，都是迷信。现在我们知道许多奇奇怪怪的事实引起了从前的迷信，那些事实，实在是有研究价值的。在欧洲有许多科学名家，尤其是物理学家，相信有鬼。不过他们所说的鬼与从前迷信中的鬼，性质有点不同。

我们国家的人，建一间房子，或者埋一个死人，向来都要先问堪舆家门向利不利，来龙好不好。近年来，大家讲点科学，都知道这种糊涂的举动，有碍文化的进步，想快快地设法摆脱，国人的思想总算进了一步。但是如若再进一步，恐怕我们反而要把“风水”拿来研究。就现在我们的知识看来，风和水对于人生确确实实有重大影响。不过我们现在所说的风水，与从前所说的风水在根本上有不同的地方，好像占星学 (Astrology) 与现今的天文学 (Astronomy) 有不同的地方一样。他们从前所说的风水的影响，仿佛先必经过死人，或者一种神秘不可思议的机关，然后才能到活人的身上；我们现在所说的风水，直接地影响到我们日常的生活，那种影响或者有一部分，在我们活着的时候，由我们传到我们的子孙。他们从前所说的风水，只影响地气的一家或一族；我们现在所说的风水，影响一个民族或者一个民族的一部分人。他们从前所说的风水最后以一家一族的盛衰、吉凶祸福为归结；我们现在所说的风水，以一地居民的生活状态，或其文化的种类，或其程度为归结。他们从前所说的风水以甲、乙、丙、丁，子、丑、寅、卯，青龙、白虎等无意识的名词为要素；我们现在所说的风水，乃是真正以风、以水及其他可凭可据的种种地上或地下的现象为要素。

人是一种动物，多少能自由行动。但是所有的动物不一定都能自由行动。有许多动物，比如珊瑚类，身上有一种根，长在地上，自从它生出来的日子一直到死，简直没有移动的机会。还有许多动物在幼时能自由行动，一到长成，便变成了一种固定的东西。人类虽有自由行动的能力，然而就是在现在交通方便的时代，大多数人能行动的范围还是不能不受天然的限制。并且世界上有许多的人虽然没有有形的根，然而不知不觉在他居住的地方长了许多无形的根。在地上生根的动物，由一定的地方吸收一定的养料。它们的生活状态乃至它们的形状，当然要受当地物质上种种的制约，这是极为明了的。但是关于高等动物，比如人类，因为他们有自由行动的能力，因为他们有智能的作用，所以他们所居的地方，或者他们所在的环境，对他们的生活状态，有何等影响，有无影响，却是不容易看出来的。就大概而言，大家都觉得环境对于人生，都有一种关系，大家心里酿成这种信仰，自然是因为有许多事实隐隐约约地做证据，所以后一层没有问题，但是有如何的关系，有何等的关系，这一层倒要费神研究。

要研究这个问题，我们不能不先做一点分析。什么叫作环境？通俗的意义颇欠明了。现在我们要造一个较为概括的，而且较为正确的界说。人类所处的环境约略地可以这样表明：

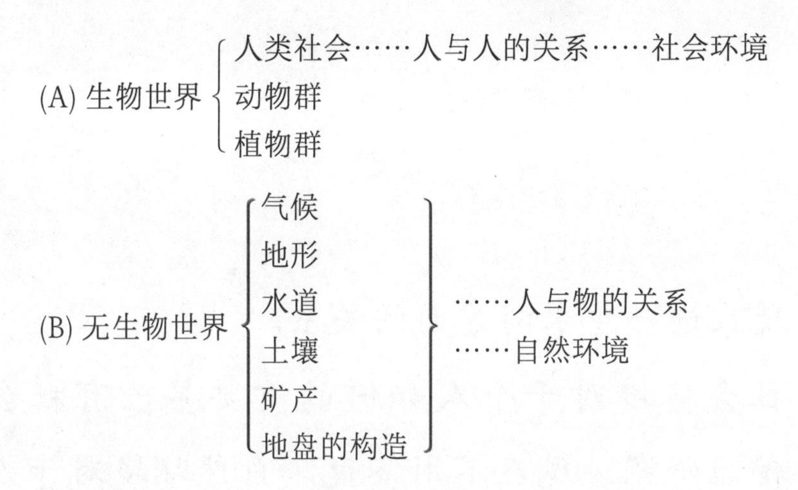

以上是环境一方面的分析。至若关于人类的生活状态事件很多，但是其中最重要的，大都可概括如下：

(A) 生存的要素
- 衣
- 食
- 住（包含交通的设备）

(B) 职业的种类
- 农
- 渔
- 畜牧
- 畋猎
- 矿业
- 制造
- 商业

(C) 活动的种类
- 体格
- 健康

(D) 修养的特色 { 科学 / 美术 / 宗教 }

(E) 社会的秩序

现在进一步求两方面的关系。

社会环境对于个人如何的重要早已有社会学者替我们研究，现在不用多说。自然环境对于人生的关系，近年来也渐渐有人研究。从前讲地理的人专门记录事实，只知道世界上有多少国，多少山，多少河；一国里有多少人口，多少面积，什么出产就完了，并不问这些事实有如何的联络、如何的关系。现在不然，地理学家都要问这些事实发生的缘故，都想由那车载斗量的记录中找出一个头绪。这一条路可算得已经开了，但是离我们最后的目的地还甚远。开辟这一条路尽力最大的人，恐怕要数戴维斯 (W.M.Davis)、亨廷顿 (Huntington) 等人。我们现在所得的一点知识大半是他们劳动的结果。

现在我把以前所举的自然环境与人生种种的关系一件一件地略述一遍。

动植物 人类的生活差不多时时刻刻都离不了植物或动物，三岁的孩子都知道。但是某种植物或动物与人生有何等的关系，却要费点考究。比方单就食物而言，有肉食，有菜食，肉食的人种与菜食的人种比较，不独体格不同，就是性情也有许多不同的地方。肉食过多容易令人发展凶恶性。菜食主义仿佛多少可以培养人慈爱温和的性情。肉食的人种平均体力较大，菜食的人种平均体力较小。肉食人种与菜食人种中流行的疾病往往不同。单就菜食而言又可分为两大宗：有以麦为主要的食物，有以谷为主要的食物。麦类养料较多，发热较多，消化较难。寒冷地方的居民，大都吃麦为生。谷类养料较少，消化较易。暖地或热地的居民，多以米为生。这不过就大概而言，当然有许多例外。

不独人类的食物与动植物有如此的关系，就是衣住两项要素，也视附近的动植物的种类为转移，人类在未开化的时代，这两个要素受动植物的牵制更厉害。试问穿皮与穿树叶比较，寒暖如何？居土洞与居树棚比较，生活的差别如何？骑马与骑象比较，快慢如何？再进一层，穿皮的人种、居洞的人种、骑马的人种与穿树叶的人种、住棚的人种、骑象的人种比较，他们习惯上的差别又如何？

我们北边的内蒙古人以及我们西北边的柯尔克孜 (Kirghiz) 人给我们顶好的一个例证。他们为什么善骑马？他们为什么得了游牧的习惯？因为内蒙古和天山北路诸地雨量很少，除了这一块那一块草场以外，植物极稀，五谷更不能生长，然则叫他们吃什么？自然只好吃牛酪羊酪、牛肉羊肉，穿牛皮羊皮。牛和羊吃什么？只好吃草。吃得快，长得慢，牛羊要饿死了。有什么办法？只好再找一块有草的地方。所以他们终年跑来跑去。现在我们懂内蒙古人何故有游牧的习惯，柯尔克孜人何故夏天上天山、冬天到天山以北的平原生活。不用说，以游牧为生的民族，从生到死为日常的必需奔走之不暇，还有什么安全的地方给他们坐着想一想世界上的事，还有什么机会给他们谋一点高尚的娱乐？那么，有什么科学美术，有什么文化可以发生？

各种动植物在世界上的分布不是偶然的，乃是要受自然情形的支配。自然情形之中支配动植物分布的，以气候、地形、土壤三项较为重要。三项之中气候尤为重要。

气候　通俗所谓气候，指平均的天气而言，意义不甚明了。我们现在所说的气候，包含一个地方每日平均的湿度及每日温度的变更，四时平均的温度及四时温度的变更，雨量的大小，降雪的多少，空气的湿度，云雾的轻重或有无其他空气中一切的情形。

气候对于人生的影响可分为两方面说：一是间接的影响；二是直接的影响。所谓间接的影响，就是人生种种的需要大半都不能不受气候的支配。比方寒冷地方或温暖的地方抑或极热的地方的动物都有特色。种类既异，繁殖的情形也各不相同，动物学家把这些气候不同的地方的动物群分开，定了特别的名称。动物学家和古生物学家都知道热带动

物群 (Tropical Fauna)、寒带动物群 (Frigid Fauna) 有如何的异点。要明白动物的分配与气候的关系，我们随便拿一张动物分配地图一看就知道。植物也是受气候的支配。寒冷地方的植物都矮小，顶冷的地方只有苔藓类的植物生长。热地的植物常茂盛高大，易成丛林。湿地与干地的植物又大不相同。比如禾稻类性喜卑湿，稷麦类性喜干燥，它们的成分多少都有点不同。所以在吃它们、用它们的人类身上，自然也应该发生不同的影响。

气候学家向来有一个问题，至今还没有完全解决。那就是世界上的气候仿佛有周期的变更。这个周期大概是 10 年或 11 年，或者是 10 年、11 年的倍数。这种周期的变更仿佛与太阳中的黑点的出没有一定的关系。据近来道格拉斯 (A.E.Douglass) 的研究，这种周期的变更影响到树木年轮的疏密。即此一端，足见植物与气候息息相关的情形。

不用讲这种精微的地方，就是从极粗浅的地方着想，我们也知道气候与人生关系如何地密切。像我们这样的农业国家，遇了几年大旱，或者雨量过多发生了水灾，几百万男女老幼都是流离颠沛，一切的事业因而废弛。高尚的修养，比如种种教育机关，只好停办了。

人类的食品与气候也是大有关系。冷地方的人宜多食发热的食料，比如麦类、乳酪类、脂肪类。这些食品滋养料甚多，所以冷地方的人体力较大。热地方的人多食清淡的食料，比如水果瓜菜米类。若吃发热太多的食料，必致发生消化不良的病。世界上有一种顽固守旧的英国人，他们到南洋殖民，每日早餐还要吃两个鸡蛋、一块咸肉。吃了不过一两年，他们就要请病假回国了。我们的饮食不能不受气候的支配于此可见一斑。

我们所住的房屋的大小形式也要受气候的支配。中国北部的房子为什么平顶矮小的居多，南部的房子带屋脊而且较为高大的居多，都是因为雨量风力所逼迫而成的。这一层不用细说，我们都知道。

我们的职业，甚至于一国工商业的发展，有

时与气候也有重要的关系。请看我们国内所用的洋线洋纱，从前差不多都是由英国运来的，近来从英国运来的还不算少。英国的纺织差不多都在兰开夏 (Lancashire) 一省。我们看世界上棉花分布的区域，并没有兰开夏这个地方。然而何以那里的纺织业发达？我们看世界上雨量分配图，就明白原因了。原来兰开夏一带空气很湿，而纺织事业宜于空气湿润的地方。有了这种天然的条件，并且还有其他天然的条件配合，所以兰开夏的纺织业非常的发达。

现今世界上人文的特色，可以说是自由地利用天然势力。现在我们所用的天然势力，大半都出在煤和石油身上。全世界地下所储蓄的煤和石油有一定的分量。现在我们用起来一天多于一天，而它们在地下一点也不能增长。那么一定有一天煤和石油要用尽了，这个时期并不甚远。那时候我们的汽车、电车恐怕一齐都要停摆，有什么法子补救？我们只好另外辟一个天然势力的渊源。由原子里取出来，恐怕做不到；仰仗木材，木材长得太慢。将来恐怕有一天我们还要大计划地从太阳身上想法子。这法子并不太难。太阳每日给我们地球许多热能力，不过有的地方空气中湿气太重，云雾太深，将太阳送来的热力吸收去了。现在世界上已经有人做出太阳发动机，不过不甚完善，效力不大。这种机器将来如若能改良，现在人人放弃的撒哈拉沙漠(Sahara Desert) 或许会变得与现在世界上顶好的煤田相同。

以上所说的都是气候间接地对人生产生的影响，还有许多直接的影响。

昨天天气晴和，我们都觉得做事格外爽快。今天天气阴湿，大家觉得精神萎靡，做事也比昨天迟钝。一入初夏，筋骨都觉得松了。一交秋令天高气清，我们的头脑仿佛格外明晰，筋肉格外紧张，仿佛生发一种乘长风破万里浪的气概，这种感觉正是表示气候对人类的精神身体有何等直接地影响。关于这一层，亨廷顿 (Huntington) 研究最详。他曾用统计的方法把世界各地方的湿度温度对于居民的健康程度的关系，作成几个重要的图。他又作出许多图来比较世界各地文化的程度与气候的关系。照亨廷顿研究的结果，气候的变更比平均的气候对人类的影响更为重要。

热带地方的人们容易饱暖，体力较小，所以他们不好运动，而好静想。一方面使他们发生怠惰的习惯；另一方面使他们易倾向于消极的思想。然则佛教出于印度乃是自然而然，并非偶然。埃及、波斯等地文化只限于人文发展的初期，一部分也可从气候上解释。

然而世界上各处的气候何故产生了差别？这是一个根本上的问题。我们对于这个问题可以简单地回答，分为三层：一是受纬度的支配；二是受气流及潮流的支配；三是受地面的高度及形势的支配。假若地球的表面极为平均，无高低差别，无海陆差别。那么，全地球可分为许多气候圈。每个气候圈都与赤道平行，同一时候各气候圈所受的阳光不等。在赤道附近，当春分、秋分时候，太阳正在赤道之上，所以受阳光最多。当冬至、夏至时候，太阳离赤道最远，所以赤道受阳光最少。但是这种变更不甚重要，因为一年之中，每日正午太阳总离顶线不远。若由赤道向北极走，离赤道越远，太阳的光线射到地面越斜，但是同时昼夜长短的差别越大。若在夏季昼越长夜越短，因为白天的时间增长，所得的阳光与因为光线变斜所失的阳光两两相消。在6月21日北半球所受的阳光有两个最大的处所：一个在纬度43.5度，另一个在北极。纬度62度附近所受的阳光最少。12月21日南半球的情形与北半球6月21日受太阳热的情形大致相似。

然而就事实上看来，世界上的气候并非按着这种受阳光的情形分配。热带地方有雪山，比如乞力马扎罗山(Mount Kilimaonjaro)、鲁文佐里山(Mount Rwenzori)。纬度极高的地方比如挪威的北部也可居人。这就是一方面有地面的高度调剂，另一方面有暖潮调剂。以前曾说过英国西部兰开夏一带比东部的雨量较多。之所以产生这种差别，就是因为英国中间有一条山脉由北至南名奔宁山脉(Pennine Range)，由大西洋来的风中所含的湿气一半为这个山脉所挡住。我们中国南方雨量较多北方较少，一半自然是季候风使然，一半也是因为中间有一条很长而且很高的秦岭挡住了东南边来的湿气。

高山不独如前所说能支配湿气的流动，并且能促水汽的凝结。照以前所说的种种事实来看，一地的气候至少有一部分受地形的支配。

地形及水道 一个地方的水道乃是直接受那个地方地形的支配。地形与生物的关系也可从两方面说：一是间接的影响；二是直接的影响。间接的影响又可分为几层说。植物群的分布常与地面的高度以及地面的形势有一定的关系。比方在喜马拉雅山脚我们所见的植物是热带的植物，渐渐上山，植物的种类渐渐变化，与温带地方的植物相当。到最高的处所所长的植物，却与寒带的植物形态相似。动物群也与地形有一定的关系。有的宜于山居，如猴类、虎豹类。有的性喜高原或平原，如驴、马等类。有的性喜潮湿，如鹿、豕等类。所以居高原、平原的人得了驴、马等类交通的利器，他们长于骑驭，因之渐渐产生了许多特别的习惯。

为简单起见，我们可将各样的地形概分为二式：一是丘陵式；二是原野式。丘陵式的地方常有山脉起伏，河流萦绕。此种地方的河流往往较深而不易泛滥，便于行船。中国南部，即秦岭以南的地方，属于这种形式。原野式的地方常有广大的高原平原，一起一落。高原与平原接头的地方地形变化更甚急，河流较浅，河床极宽，容易泛滥，不利行船。中国北部即秦岭以北的地方，属于这种形式。一地文化的发展、交通的难易，可算得是极重要的原因。所以尼罗河、底格里斯河、幼发拉底河，以及恒河流域等处，都是古代文化的渊源。中国西北境都是高山，东南一片浩海，所以几千年关在门里，与他族老死不相往来，没有什么进步。就中国内部而论，南北的情形亦有大不相同之处。南边因为有一条长江，所以近年来新思想发育较快，北边虽有一条黄河，却不能利交通。北部的居民新思想发展较慢，这不能不算一个大原因。

一个大陆上分了许多国。一国里往往又分了许多政治区域。这些国界和政治区域的境界，往往就是地形变更的地方。又可以说是地文区域的界线。请看英伦与威尔士的界线，西班牙与法国的界线，意大利和瑞士与奥地利的界线，战国时代各国的界线，三国时代魏蜀吴的界线，现今中国内地十八省的界线，都不是偶然发生的，亦并不是绝对的人工做成的，多少都有天然地形的关系或地文的关系存乎其中。一个国家理想的政治区域，当然应与那一国的地文区域多少一致，因为那样合乎自然的组织，就行政上说，最为经济；就政策上说，最足以启发各地方人民的特长。

至若地形对于人生直接的影响，可分为身体方面与精神方面两层。山路崎岖，往来行旅必要费许多的精力，且山上的气候往往比平原的气候变化更为剧烈，所以山居的人民往往体力较好，并且富于坚忍耐劳之性。平地的居民锻炼体力的机会较山居的为少，所以他们的性格体质往往较为软弱。这是只就身体方面说的。若论到精神方面，影响之大较身体方面恐怕有过之无不及。人类是最富于模仿性的一种动物，外界种种的形状，都在他心里留一个印象，这些印象他随时就可拿出来应用。我们何以知道做一个车轮？绝不是因为有了几何学我们才知道做出一个圆的东西。恐怕天上的太阳、月亮早已把一个圆的观念给我们的祖宗了。由此类推，人类所有种种形态上的基本观念，恐怕不由天然界得来的很少。更进一层，人类自己的性格恐怕也不能逃脱自然界种种物象的支配。山象巍巍，所以山居的人禀性应甚沉重；水象清淡，常常流动，近水的居民应该禀性较为轻率而圆通。中国北部风景简单，黄土平原，一望数千百里，所以北方的人民赋性应该较为简单，较为直爽，但不免缓慢呆滞；南部山回水曲，景象随地不同，所以南方人心境应该较为复杂，往往智慧多端，但是不免近于狡猾。同为中国人种，数千年来受同样的教化，而性格竟相差若是，根本的原因大部分不能不归之于地文。

然而地面何故发生种种形势？要根究这个问题，我们不能不讲到地质。

土壤、矿产、地盘构造　农业的发展几乎全视土壤的性质何如，不用详论。土壤的性质全视地下岩石的种类何如。岩石的种类又全视当地地质的历史何如。然而农业民族的生活状态与地质的情形有何等密切的关系，由此可以想见。不独农业与地质有如此的关系，就是一地的矿产对于一个民族发展的历史也往往有极重要的关系。比如欧洲自从工业革命以后需用煤、铁日多一日。英国一国煤田甚多，英国的煤层并且常与可采的铁矿互相毗连或相距不远。有这种天然的利益，所以英国的工业发达独早。德法两国屡次交战，杀人数百万，虽然有种种历史上的原因，然而阿尔萨斯 - 洛林地区 (Alsace-Lorraine) 的铁矿不能不算是惹起这种历史上的大事件的一大原因。

日本铁矿甚为缺乏，它现在正在由农业国变为工业国的时代，需铁很多，自己国家没有造铁的原料，所以只好极力到它邻近的中国来想法子。山西一省几乎全是煤田，现在因为交通不利、工业不振，山西的人民还是多数务农，将来我们国家实业发达，山西必有大开煤矿之一日。山西人民大部分必至于抛弃他们祖宗遗传的农业而入于矿业一途。太原也许变成一个中国的伯明翰。矿产对于一个民族的前途又有如此重大的影响。

现在说到地形，各种的岩石结构不同、性质不同，各地岩石构造的情形往往各有特象。这些结构不同、性质不同、构造不同的岩石受了风雨的剥蚀各应其抵抗力的大小，在地面上成各种形状。岩层如有破裂或褶皱的地方，在地面往往也有特别的形象发生。以前所说的英伦与威尔士交界的地方地形忽而变更，乃是两方面地层的种类不同、构造的形式不同所致。东面属于中生世的岩层褶皱甚缓，西面属于古生世的岩层褶皱甚急。英国中间之所以产生奔宁山脉挡住西来的湿气，是因为古生世末期欧洲发生了一次地盘大改造，那就是地质学家都知道的海西运动 (Hercynian Movement) 改造。意大利北境之所以有山脉，是因为第三期的中叶欧洲又发生了一回地盘的鼓动。中国秦岭以北地层褶皱较少，破裂甚大，成平台式，所以地表的形状属于原野式；南部褶皱甚多，所以成丘陵式。

伦敦之所以为伦敦，有人以为纯系偶然，其实大谬。伦敦地盘的构造像一个盆形，故名伦敦盆地。盆中都是为四边翘起中间凹下的地层填满，那些地层的构造对于制造天然喷水井非常相宜。因为有这种天然的便利，所以当初有许多人家聚居在伦敦盆地的中间，渐渐繁盛，于是才有今日的伦敦。巴黎之所以为巴黎，也可用同样的理由解释。

不要说这种大地方，就是极小的一个村落、一条道路的存在，只要仔细地考察，往往能找出地下的原因。比如一个褶皱，或是一个地层中的小裂缝，或是一层特别的岩石的露头，都可为居民聚居的原因。常在实地调查地质的人，都知道这种奇怪的事实。

综括以上种种，我们现在敢下一个断案，那就是地下的种种情形有左右地上居民生活状态的势力。那种势力的作用，常连亘不断。它的影响虽然不能见于朝夕，然而积久则伟大而不可抗拒。人类既是自然界的一部分，怎能逃脱这种熏陶孕育的势力？这种势力千变万化，运行各异其方。各地居民受其影响者，各具特殊之性。于是甲地的人民长于某种制造，乙地的人民工于某种美术，倘若各地人民逐渐发挥其天赋的本能，彼此和合，彼此补助，小而言之一地或一国的文化，大而言之全世界的文化，乃得尽兴尽量发展。我很希望政治学者、社会学者解决种种实际问题的时候，把我们现在所讨论的一层纳入考虑之中。并且我希望将来有机会根据这个原则来讨论中国的政治区域应如何划分。

浅说地震

地震能不能预报？有人认为，地震是不能预报的，如果这样，我们做工作就没有意义了。这个看法是错误的。地震是可以预报的。因为，地震不是发生在天空或某一个星球上，而是发生在我们这个地球上，绝大多数发生在地壳里。一年全球大约发生地震 500 万次，其中 95% 是浅震，一般在地下 5—20 千米。虽然每隔几秒钟就有一次地震或同时有几次，但从历史的记录来看，破坏性大以致带有毁灭性的地震，并不是在地球上平均分布，而是在地壳中某些地带集中分布。震源位置，绝大多数在某些地质构造带上，特别是在断裂带上。这些都是可以直接见到或感到的现象，也是大家所熟悉的事实。

可见，地震是与地质构造有密切关系的。地

震，就是现今地壳运动的一种表现，也就是现代构造变动急剧地带所发生的破坏活动。这一点，历史资料可以证明，现今的地震活动也是这样。

地震与任何事物一样，它的发生不是偶然的，而是有一个过程。近年来，特别是从邢台地震工作的实践经验看，不管地震发生的根本原因是什么，不管哪一种或哪几种物理现象，对某一次地震的发生，起了主导作用，它总是要把它的能量转化为机械能，才能够发动震动。关键之点，在于地震之所以发生，可以肯定是由于地下岩层，在一定部位突然破裂。岩层之所以破裂又必然有一股力量（机械的力量）在那里不断加强，直到超过了岩石在那里的对抗强度，而那股力量的加强，又必然有个积累的过程，问题就在这里。逐渐强化的那股地应力，可以按上述情况积累起来，通过破裂引起地震；也可以由于当地岩层结构软弱或者沿着已经存在的断裂，产生相应的蠕动；或者由于当地地块产生大面积、小幅度的升降或平移。在后两种情况下，积累的能量，可能逐渐释放了，那就不一定有有感地震发生。因此，可以说，在地震发生以前，在有关的地应力场中必然有个加强的过程，但应力加强，不一定都是发生地震的前兆，这主要是由当地地质条件来决定的。

不管那一股力量是怎样引起的，它总离不开这个过程。这个过程的长短，我们现在还不知道，还有待在实践中探索，但我们可以说，这个变化是在破裂以前，而不是在它以后。因此，如果能抓住地震发生前的这个变化过程，是可以预报地震的。

可见，地震是由于地壳运动这个内因产生的。当然，也有外因，但不是起决定性作用的。所以，主要还是研究地球内部，具体地说，就是研究地壳的运动。在我看来，推动这种运动的力量，在岩石具有弹性的范围内，它会在一定的过程中逐步加强，以至于在构造比较脆弱的处所发生破坏，引起震动。这就是地震发生的原因和过程。解决地震预报的主要矛盾，看来就在这里。

这样，抓住地壳构造活动的地带，用不同的方法去测定这种力量集中、强化乃至释放的过程，并进一步从不同的途径去探索掀起这股力量的各种原因，看来是我们当前探索地震预报的主要任务。

地应力存不存在？我们一次又一次，在不同地点，通过解除地应力的办法，变革了地应力对岩石的作用的现实状况，不但直接地认识了地应力的存在和变化，而且证实了主应力，即最大主应力，以及它作用的方向，处处是水平的或接近水平的。从试验结果看，地应力是客观存在的，这一点不用怀疑。瑞典人哈斯特，他在一个砷矿的矿柱上做过试验，在某一特定点上的应力值，原来以为是垂直方向的应力大，后来证实水平方向应力比垂直方向的应力大 500 多倍，甚至有的大到 1000 倍。

构造地震之所以发生，主要是由于地壳构造运动。这种运动在岩层中所引起的地应力与岩层之间的矛盾，它们既对立又统一。地震就是这一矛盾激化所引起的结果。因此，研究地应力的变化、加强到突变的过程是解决地震预报的关键。抓不住地应力变化的过程，就很难预言地震是否发生。

地震与震波

地震的震中，绝大部分深度不大，但也有少数地震是从地球深部发动的。每一次地震都发出三种不同的震波：第一种是纵波，又叫疏密波，它传播的方向和受震动的物质摆动的方向是一致的，好像音波一样；第二种是横波，又名扭动波，物质受这种波动而发生的摆动，并不与波动传播的方向一致，好像拿一条绳子让它摆动时，绳子各点摆动的方向和波动前进的方向是不一致的；第三种是表面波，这种波又分为两种，在此无须详述，它们仅仅在地面传播，当地震发生时，这种表面波破坏力较大。这三种波动传播的速率都不等，纵波最快，横波较慢，跟着来的就是表面波。所以，在离震中稍远的地方，它们到达的时间不同，因此从纵波和横波到达的时差，可以计算接收这两种波动的地点到震中的距离。

弹性物质传播这两种波的速度，与它们物质的密度（比重）和某些弹性系数各有一定的关系。它们都是与传播物质的密度（比重）的平方根成反比例。因此，从震波传播的速度，可以推测传播它的物质的密度。

以上这些事实，是经过无数次实践的经验完全得到的证实，从理论上也可以得到证明。

另外，根据实践的经验，我们知道，固体既可以传播纵波，又能传播横波，而流体只能传播纵波，不能传播横波。

地震波传播的速度，在地球上各处看来稍有不同。从事地震工作的人们所提出的数据，也不完全一致，同一个人，不同时间提出的数据也不完全一致。不过，总地说来，只是大同小异。

另外有人认为，最上一层 10—15 千米，纵波传播速度大约每秒 5.6 千米，横波传播速度约每秒

3.2 千米，其下有不甚显著的不连续面，这个不连续面下的一层的厚度与上层大致相等，其传播速度是每秒 6.2 千米。深度 45 千米左右。传播速度突然增加，不连续情况，极为显著。

从上列数据，可以看出：

(1) 地震波在地球中传播的速度，一般越到深处越大。

(2) 速度不是均匀增加的，而是达到某些深度时突然增大，达到核心表面又显著地减少。在那些深度，构成地球物质的性质显然有所变化，一般越深越重。

(3) 这种突然变化及不连续的现象，标志着地球内部，可以划分为若干个同心的球形圈，其中，最上一圈的厚度，一般认为是 33—45 千米，但有的地方较厚，如西藏高原达到 60 千米以上，而另外有些地方，厚度较薄，最薄的地方不到 30 千米，个别地区更薄。这个最上的一圈，就是地壳。

(4) 所有不连续面中，有两个不连续面特别值得注意。一个不连续面，有时称为莫霍(Mohoroviic)面；另一个是深度在2898千米的不连续面，有时称为古登堡(Gutenberg)不连续面。这个不连续面以上，直到地壳的底部之间的球形圈，统称为地幔。地幔以下的部分，统称为地球核心。

(5) 到现在为止，还没有得到横波穿过地球核心的可靠记录。

(6) 在2898千米的不连续面以下，地球核心各圈的密度虽然增加很快，但传播纵波的速度，反而比在地幔下部传播的速度显著地降低。

如若把地震波传播的速度，和前述酸性岩和基性岩即硅铝层和硅镁层的分布情况结合起来考虑，似乎硅铝层和硅镁层或硅镁层的上部，都应属于地壳的组成部分。这样，就可以说，地壳的厚度，除了某些大洋或大洋中某些区域以及大陆上某些区域以外，大致可以认为，平均厚度不出30—40千米的范围。这个数字，同地热方面推测的数字大致符合。

沧桑变化的解释

前几天去彭公庙的路上，遇到一位老者问我们做什么。我说是看看地。他问：“地下有宝吗？”我说：“或者有，或者没有。”他又问：“能看好深？”这句话骤听起来，似乎可笑，然而实际含着精微的哲理。我们为什么要看东西？是要得到认识，认识越真切，便是看得越深。譬如我们平日看到好多东西，就说这个花木，如花是红的，叶是绿的。或者看见朋友，认识他，认真点说我们只认识他的外表，事实上未必认识他的人格、他的个性。夫妻之间算是最亲密的，亦有时彼此不认识心性。又如房屋，只认识其轮廓，实际内容如何，尚不得知。刚才老人的话，听起来很普通，其实很有道理。看地质的人，就是想往里看，往深看。然而究竟能看多深，便要问地质科学进展之程度和看者个人的造诣。

地质学探讨的问题，大致可以说是，探讨沧海桑田的变化是桩什么事。沧桑变化是一段神话，似为无稽之谈，研究地质以后，才知道有相当的道理，才能做一个解答。即在地质学发达程序看起来，沧桑之变化是研究得比较早的，在中国宋朝时朱熹就有研究。看《朱子语录》，他说，你在山上石中时常可发现介壳类，如螺丝蚌蛤，这都是生长在水中的，居然发现在高山上，包含着现在的高山有个时期处在水中的意义。又说，好多山头有波纹状况，如水的波动，好像这山头是在水中造成的。这些话都算认识不差，《朱子语录》有这些话，足以证明沧桑变更之认识，朱子恐怕要算第一人，也就是世界上第一个地质学家。古希腊的学者，对于地质只有片断的记载，既无事实证明，也没有具体的考察，所以朱子研究地质学，在世界上最早。朱子以后，为意大利人列奥纳多·达·芬奇 (Leonardo da Vinci)，他是画家、音乐家，也是文学家，是15世纪的人，正当我国元朝时候。他常到野外去，发现许多化石，他的研究比朱子还详细。此后讲地质

学者，日渐增加。18 世纪末，西欧文化日渐进步，就是现代科学的嚆矢。18 世纪末研究学术者甚多，有许多人研究地质学。他们研究的方法有两种：一

条路是研究动植物的，另外一条路是研究矿物的。因为石中有结晶体，如四方形、六方形、长方形，以及其他多面形等，每种矿物结晶形，给予一个名称，逐渐发展为矿物学。研究动植物的人，虽然不都研究化石，然而化石就是生物的遗骸，是在石中成形的。所以研究生物的演变，化石是不可少的。第一条路研究矿物的，直至现在还继续下去，不过方法更精明更进步罢了。第二条路研究化石的，经过许多阶段。这都是学术上的变迁，对于沧桑的认识，关系很大。这里也分为两大派：一派为法国学者如居维叶 (Cuvier) 等生物学家。要知道古代生物成千累万，而埋在石中者，如介壳类、有脊椎动物类，在石中所找得到，现今大都不生存，这是什么道理？居维叶以为地球上常有洪水发生，每次洪水均产生极大摧残与破坏，每经一次洪水，陆上生物就死了个干净。再过一个时期，又产生一些新的生物，如是者若干次，所以说，古代生物与现代的生物不同，就是洪水的缘故。另一派主张生物逐渐演变，无须洪水，如英国学者达尔文等，就是这一派的中坚分子。比如古代的小马巨象，其各部分逐渐变更的情形，大半都由化石中可以寻出，所以生物逐渐进化说得以成立。地质上的现象，逐渐演进，也因之渐形确定。此两派学者斗争至烈，到19世纪大家都知道居维叶的主张是不对的，而渐进说是对的，是合理的。

从矿物的方面出发，也有两派斗争：一派为德国人，重要者如维尔纳等，其重要主张，石头系火山爆发所致，如熔铁炉一样，石头在1000余摄氏度时大都熔化，到几百摄氏度便凝固了，这就是火成说。另一派为水成说。就是有如干土、泥沙、石，因在水中，故成层次，一层一层的，重重叠叠。我们假想河流挟泥沙冲入海中，平平地积成一层，设若另外一次水冲来，又成一层，像这样经过若干次，便成层叠不穷厚大的石头，这就是水成说。主张水成说的大部分是英国人，如赫顿等。后来研究者根据事实，搜集证据的结果，证明水成说是对的。两派学者均能解释沧桑变化一部分的缘故，就是一大部分是水成岩，一小部分是火成岩。现在已证明这是合于事实的。这两大重要学说经过事实证明，已毫无疑问。

生物是逐渐进化的，岩石是大部分在水内成形的，小部分是火山喷发的，已成定论。掘地考古，果如老人之言，看人越深，则认识得越多，故可钻地成孔，向下看，越深越好。不过这太笨了，这笨法子实际并不能用，若在大海中，不是十分的困难吗？如岩石是一层层平铺的，在陆地上倒不成问题，是很简单的。事实上岩石并不是平铺的，而是褶皱的、倾倒的、错乱的。故勘查地质者，如此更为困难。解决的方法，一种就是靠生物的方法，以生物之进化程序来决定某代有某生物，拿这种方法来研究，还是不够。另一种方法就要拿构造的方法来补充。譬如一部未装订的、错乱的、残缺不全的《二十四史》，整理的方法，一种方法乃清理褶皱似的，把它一页一页拉平。另一种方法就是按字索时，如有曹操字句者，入《三国志》；有朱温字样者，入《五代史》；或根据某一事实之记载入某史。此即根据化石的方法和地质构造的条理。做地质工作者正如是，地质学之方式亦如此。现在另有一问题，即所找者为何物，并不注意它距今有若干年。比如二十四史学者亦不注意距今的年月，大概拿朝代年号来分别就够了。地质学亦如是，如寒武纪、泥盆纪、石炭纪、二叠纪、三叠纪、侏罗纪等来决定。正如朝代一样，由某纪即可追寻它在时间上的次序。但一般人士于此不大熟悉，犹如乡人不知道朝代一样。若追索年数，最可靠的方法，是拿放射矿物来研究，放射性的爆裂是不受温度和压力影响的，按它的爆发之结果，来决定年代，这方法很有成效，如石炭纪距今约为五百个百万年，侏罗纪为两三百个百万年。地质学是以百万年为单位的，时间好像过长，但学地质的是感兴趣的，好像麻姑所说的沧桑之变，是实有的事。不过沧海桑田太普通、太易见了，倒不足为奇。不如说是山海变更，更觉彻底，更显利害，更能得到重大结果，更表明变化的重要阶段。

造山运动的解释，近二三十年才达到重要的阶段。因为利用物理学尤其是力学上的原则来研究，已脱离渐变说急变说的幼稚言论。

中国的山脉是不乱的，有系统的，最有系统的是东西线。最北和苏联交界的，是唐努山脉、肯特山脉；往南内外蒙古盆界，便是阴山山脉；再南便是昆仑山脉、秦岭山脉；最南就是南岭山脉。这种东西线的山脉，每两条相隔纬度大约 8°，即约 800 千米。这种情形全世界都有。唯在欧洲有国土的限制，故难有显著的研究。另一种为弧形山脉，我个人称它为山字形山脉，因为像个山字。比如湘南系，从资兴至郴县苏仙岭、临武香花岭，而至都庞岭，中间一直就是衡山、阳明山、九嶷山，故两边有耒阳、祁阳、道县等平原。两端各有一反射弧，资兴正在反射弧形之中，彭公庙及酃县边境应在反射弧形之顶。故昨天到彭公庙酃县边境去看，果然不错。明日还要到青要铺去看反射弧形之自然转弯现象。想在青要铺方面，一定可以看到。主要者，反射弧形均朝向赤道，美洲、欧洲、非洲都是这样的山。个人的意见，解释这种弧形构造的生成，似乎与地球的自转速率有关。假定地球越转越慢，则甚难解说此现象。若地球越转越快，则因离心力水平分力的关系，部分移动，便成向着赤道地壳表面褶成山字形的现象，又假定转动越快之后，便成大陆分裂现象。例如，南北美洲因为赶不上速度，便逐渐与欧非大陆脱节。这里有许多证据，如有种种不能渡海的陆上生物，在非洲也有，而在美洲也有。

故可证明美洲原与欧非两洲连贯。后因不能追上此转运之速度，美洲遂致落伍而脱节。根据此种说法，可说明大陆之成因、山字形山脉之成因，此种说法正在萌芽，若非战事发生，恐 10 年内便可得到定论。将来这种说法成定论之后，便可解释地质上许多问题，并可解释沧桑变化的道理。

本编主要介绍了地震的预报、地震的发生以及地震的震波等。我国是一个多地震的国家，地震现象较为普遍，以李四光为主的科研工作者，深入调查研究，提出了一些思路和方法，为地震预测预报工作奠定了基础，指明了方向。

下编　地热

能产生热能的资源有很多，如石油、煤炭、木柴等，给我们的生活提供了很多方便，提升了我们的幸福感。有没有一种天然、无污染的能源呢？有的，那就是地热。什么是地热呢？地热藏在哪儿呢？让我们一起阅读下去吧。

地热

有一种地球起源的概念，到现在还占据着相当重要的统治地位。就是说地球原来是一团高温度的物质，后来这些物质逐渐冷却，在地球表面上结成壳子，被叫作地壳。这样形成的地壳，从表面到地球的深部，温度就必然越来越高。从钻探和开矿的经验看来，越到地下的深处，温度确实越高。但地温增加的情形各地不同，同在一地又随深浅而有不同。地温每增加 1℃，往下进入的深度名叫地温增加率，在亚洲大致 40 米上下增加 1℃（我国大庆 20 米、房山 50 米），在欧洲绝大多数地区是 28—36 米增加 1℃，在北美洲绝大多数地区为 40—50 米增加 1℃。这个地温增加率，并不是往下一直不变的。我们假定每深 100 米地温增加 3℃，那么只要往下走

40千米，地下温度就可到1200℃。现今，世界上各处火山喷出的岩流，即使岩流的熔点因压力的增加而有所变化，温度大都在1000℃—1200℃。据实验结果，玄武岩流在40千米的深度下，它的熔点不过增加60℃。这个数字，看来对熔岩影响甚小，对上述的1000℃—1200℃的估计没有什么影响。根据地热的情况，地壳的厚度大约在35千米。

以上是从玄武岩的特点来推测地壳的厚度。现在从地球表面的热流和构成地壳各层岩石中所含放射性元素蜕变的发热量来探测一下地壳的厚度。地壳的上层，主要是由花岗岩之类的酸性岩石组成的；地壳的下层，主要是由玄武岩之类的基性岩石及超基性岩石组成的。

花岗岩之类的酸性岩石，平均每100万克每年由铀发出的热量为2.3卡，由钍发出的热量为2.1卡，由钾发出的热量为0.5卡，即平均每100万立方厘米的花岗岩类岩石每年发出13.7卡的热量；玄武岩之类基性岩石以及其下的超基性岩石，平均每100万立方厘米每年发出3.8卡的热量，其中超基性岩所发出的热量，占极小的比重。

地球表面的热流平均值为每秒每1平方厘米为1.25×10^{-6}卡（即每年每1平方厘米40卡），除了特殊的地热异常地区或地带以外，这个数值，最小的不小于0.8×10^{-6}卡，最大的不大于2.24×10^{-6}卡。用平均热流的数值乘地球全部面积，即得每秒热流总量为$1.25\times510\times10^{10}\approx6.4\times10^{12}$卡（即每年$2\times10^{20}$卡），其中大陆方面占每秒$2.2\times10^{13}$卡，即每年为$7\times10^{20}$卡。假定大陆壳上层的厚度为18千米，地壳下层厚度也是18千米，按上述地壳上下两层产生的热量计算，大陆壳产生的热量为每年5.4×10^{19}卡，差不多可以抵消它失去的热量的80%；可是大洋方面的情况就大不相同，如果假定大洋底上面平均有1千米厚的花岗岩类岩石，其下有5千米厚的玄武岩（实际上在广大的太平洋底只有玄武岩），有人计算过，构成大洋底地壳的岩石产生的热量，抵消大洋底失去的热量不到11%。

以上假定的大陆壳的厚度和海底地壳的厚度，当然是指平均的厚度，上述数据虽然不完全可靠，但也不是毫无根据，从地震观测所获得的大量事实(详后)，与上述假定，大体上是相符合的。这样推测出来的大陆壳的厚度，与考虑玄武岩流所得出的厚度，也相差不大。

地球上自有生物以来，地面的平均温度，虽然有时发生较大的变化，如大冰期来临的时代，但至少最后三次大冰期并没有使比较高级的生物群灭亡，相反，有些新种族得到了特别的发展。这说明尽管地面平均温度下降了，但下降的幅度不会太大。否则高级生物很难继续生存下去，更说不上有所发展。

按前述构成地壳上下两层岩石含放射性元素的特点和它们的厚度来估计，地壳中岩石的发热量，是不够抵消地球失掉的热量的。那么，只有使用地球固有的热量来代偿不够消耗的数额，或者在地球内部不断发生发热的变化，来补偿消耗，才能保持地球表面的温度，不至于不断下降。换句话说，在地热潜在储量的问题上，要地球“吃老本”，才能保持它的表面温度。这样一来，就会导致到一定的时候，地球会开始趋于衰老的结论。归根到底，地壳就有不断加厚的趋势。

地球表面的热流量＝地温梯度 × 岩石传热率

地温向下如何增加，决定于近地面的地温梯度和岩石的传热率，而近地面的地温梯度与地表温度有密切的联系，岩石的传热率基本上是不会变的，所以，如若地球表面温度没有显著的变化，地球表面的热流量也不会有显著的变化。然而事实上，地球表面的平均温度有变化，虽然变化不大，一般认为这种变化，主要是由太阳的辐射热决定的。

根据上述情况，我们可以说地球是一个庞大的热库，有源源不绝的热流。

地热与地温是有密切关系的。地下的等温面一般不是平面，而是随地区和地带起伏不同，同时等温面之间的间隔也各处不等。在等温面隆起的地方，间隔较小的地方，可以说是热异常区。这种热异常区的存在，是比较普遍的，但是直到现在还没有开展普遍的调查。在这种热异常区，取出地下储藏的热能是比较容易的。事实上，我们在钻井中已经遇到大量的热水向外涌出的现象，热水的温度从四五十度到一百多度不等，这样，从地下取出热水并不限于热异常区，在其他必要的地区，也可以同样进行勘测和开发。从地下冒出的热水，往往还含有有用的物质，如若能够有计划地加以调查研究，在适当地点加以开发和综合利用，对祖国的社会主义建设，肯定有很大的好处。同时，在这一方面的工作，我们将会站在世界的最前列。

燃料的问题

自从人类知道用火以后，维持日常生活最重要的物质，除了食料，恐怕要算燃料。至文化幼稚的时代，所谓燃料者，只是树木草卉；燃料的用途，大部分也不过烧一烧食物。到了物质文明发达的今日，无论是燃料的种类还是用途，花样可多了。试想我们日常穿的、用的东西，有多少不是直接或间接靠火力造成的？试想这世界上有多少地方，假使冬天不生火，还可以居住的？从香水、肥皂说到飞机、大炮，我们能举出多少件东西与燃料绝对没有关系？是的，什么叫作物质文明，它简直就是燃料里烧出来的。

这一件日常生活的必需物，这一种物质文明的老祖宗，久已成了世界上攘夺的目标、国际政策影射的焦点。法国人一定要抓住鲁尔可以说完全是为这样东西。日本人拼命掠夺我们的东三省，并且还垂涎山东、山西，一部分的缘故，也在这里。燃料的问题，既是如此的重大，我们当此准备建设的时期，当应有充分的考虑。

燃料的种类很多。现今通用的，就形式上说，有固质、液质、气质三项的区别；就实质上说，不过木材、煤炭、煤油三大宗。其余火酒、草、粪（中国北方就有地方烧粪）等类，比较起来，毕竟分量很少，用途也极狭隘。实际上算不算燃料，都没有多大的关系。

现今中国的工业，说好一点，不过刚刚萌芽。所需要的燃料，大部分都是供家常的消耗。所谓家常的消耗，大部分就是烧菜、煮饭、点灯而已。这一类的消耗，看起来是很小的事，然而那无数的穷民，为了这一类的事，已经劳苦万状，有时候竟求之不得。乡下人向来把他们需要的东西，按紧急的程度，分了一个次序，叫作柴米油盐酱醋茶。他们偏偏要把柴搁在头一位。这是不是说柴有时候比米还重要呢？除了大荒年的时候，有钱总买得着米，然而在特别的地方，有钱竟买不着柴。米荒有人注意，柴荒从来没有人过问。这种奇怪的习惯，犹之乎有了厨房，不管茅厕一样。

刚才说在特别的地方有钱买不着柴，其实我们要到乡下去看一看，就知道那样的事情，并不是很特别的。现在全国的矿业还是如此的幼稚，交通又是如此的不便。乡下人所用的柴，恐怕 99% 还不只是柴草。一生居住在都市的人们，也许不明白个中的实情，像我们乡下的穷人，才知道什么叫作“一粒的艰难，一草的辛苦”。费了九牛二虎之力，弄出两斗黄米，几升黑面，要是没法烧熟，教我们怎样好吃得下去。

然而要救济柴荒，有什么办法？一言以蔽之，曰：“造森林”。请看中国的土地如此之大，荒山荒野如此之多，除了那自生自灭的野草以外，还有什么东西长在山上？这岂不是证明中国人连栽几棵树的能力也没有吗？不错，这几年来，大家都有点觉悟，每逢清明的前后，全国的什么衙门、官署、公共机关，美其名曰植树节，闹得不亦乐乎。究竟植树的成绩在哪里？像这样闹了 20 年的植树节，恐

怕不会有两棵树长成的。

森林的培植，当然不仅仅为了供给燃料。要制造木材原料，要护山陵的崩泻，防止河流的淤塞，造成优美的风景，都非借森林的力量不可。在北方广漠的地方，如果能造成巨大的森林，竟能多少影响雨量，也是说不定的事。

森林的利益，谁都知道，用不着多说闲话。现在的问题是用什么方法大规模地造林。更紧要的问题是，种了树以后，如何培植，如何保护。这自然是政府的责任，是政府应该请专家担负的责任。奖励造林，保护森林的法令，固然不可少；怎样造林，造什么林等技术方面的问题，也得及早研究。力大吹不响喇叭，石灰坑里养不活水仙花。不知道土壤的性质，不知道植物的特性，不管害虫的繁殖，不管植物生长的生态 (Ecologie)。瞎干、蛮干，十年，八十年，也不会得着什么结果。

因为说起家用的燃料，我们便说到森林。其实今天最重要的燃料，还是煤炭和煤油。

现今这个时代，还是煤铁时代。制造物质文明的原动力，最大部分就是出在煤身上。那么，要想看中国工业将来的发展，第一步恐怕就得考虑中国究竟有多少煤存在地下。煤不是能生长的东西，用了就完了。如果我们想保护将来的工业，绝不可把我们大好的煤田，随便糟蹋了。开煤矿是比较简而易举的工业，只要运输上有了办法，不愁它没有市场。所以假使我们要想从工业方面，实施中山先生的民生主义，头一件事，恐怕就免不掉建设铁路，开发几个大的煤田。英国的工业发达史，已经给我们一个很好的例证。

因为中国的矿业，还没有发达；又因为中国的矿产，还没有详细的调查（近年来，虽然北京地质调查所有了相当的调查结果，大部分的人还不曾知道），一部分人还在那里做梦，以为中国“地大物博”，矿产是取之不尽、用之不竭的。实际地讲起来，中国的金属矿产，除了特种的矿物（如锑、钨等类）以外，并不能算丰富，比较美国，那是差多了。唯有煤矿，无论就质的方面说，还是就量的方面说，总算不错。就质的方面说：中国的无烟煤，差不多要占中国总煤量的四分之一，烟煤要占四分之三。就量的方面说：我们现在虽然不能说出一个很精确的数目，然而也曾有人估计一个大概。据1921年，北京地质调查所的报告，各省地下储煤的总量，以一兆吨为单位，大致如下：

直隶	2370
奉天	985
热河	930
察哈尔绥远	460
山西	5830
河南	1765
山东	685
安徽	205
江苏	190
江西	815
浙江	12

湖北　　13

湖南　　1600

四川　　1500

陕西　　1000

甘肃　　1000

黑龙江　　160

吉林　　160

云南　　1200

贵州　　1300

福建　　150

广西　　500

广东　　300

总计　　23130 兆吨

以上的估计，未免失之太谨。要是宽一点计算，也许总数可以增一倍，那就是说中国储煤的总量，打宽一点，大概有 4.5 万兆吨。平常看起来，这个数目，可算得不小。在工业还没有萌芽的今日的中国，每年消费的煤量不过 20 兆吨左右，这些煤，已经够我们用几千年。可是要和美国的总储煤量比较，全中国的储煤量，不过抵挡它的四分之一！这是许多人做梦都想不到的事。我们的工业发达起来的时候，煤的消耗量自然也要增加。再过两三代人，中国最大的矿产——煤，难免不发生问题。然而发生问题还是不发生问题，是将来的事。现在的问题，是如何爱惜它，如何利用它。

在前表中，我们有几件事应该注意：北方的煤量，比南方差不多多一倍。山西一省的煤量，差不多要占北方各省总量的三分之一。山西煤最好的出路是青岛。那么，很明白了，为什么日本人要和军阀勾结，侵略山东，觊觎山西。在采煤的当地，比如山西的大同阳泉、河南的六河沟，一吨煤不过值两三元。但在上海、汉口等处，一吨煤有时涨到二三十元，平常也要十几元。这完全是运输不便的缘故。采煤事业，既然是比较轻而易举的、靠得住的有利的实业，将来铁路的布置，就应该以开发几个主要的煤田为计划中的一件重要的根据。

煤的用途很多，里面的副产物都很贵重。假定以前所说的话是对的，假定在我们发展工业的计划中，采煤是应先举办的事业，当此准备建设的时期，我们对于全国的煤，就应该有一番彻底的调查和研究。如果来得及，设立一个专门研究煤的机关，纯粹从科学方面着手，也未尝不可。那样一来，全国各大学各专门学校一部分的毕业生，还愁没有事干吗？何必要请学化学的去做此事呢？

以上是关于煤方面的话题。摩托车发明之后，世界上燃料的需要发生了新花样，摩托车需用液质的燃料。航空事业的骤然发展和海军设备更新以后，摩托车的总马力数也骤然增加。如是弱小民族所有的油田，又成了国际政治上一个重要的争点。英国人死命地想抓住波斯的巴库，向来不关轻重的加利西亚，现在大家都往那里鼓眼挥拳，就是为了这个玩意儿。

中国的油田，到现在还没有好好地研究。我们只听说陕西的延长和四川的自流井一带，有若干油田或盐油井，但是出量颇不见佳。虽然1914年的时候，美孚油行在陕北的延长肤施中部三县钻了7口3000尺以下的深井，然而结果并不甚好，他们花了300万元，干脆地走开了。但是美孚的失败，并不能证明中国没有油田可办。就道路的传说，从新疆北部的乌苏、绥来、迪化、塔城一直到甘肃的玉门、敦煌镇等处都有出油的模样。苏俄近来一再派人到新疆去做“科学的考察”，说出来大大方方，骨子里恐怕是鬼鬼祟祟，为了油矿吧。

中国西北方出油的希望虽然最大，然而还有许多其他地方并非没有希望。热河据说也有油田，四川的大平原也值得好好地研究，和“四川赤盆”地质上类似的地域也不少，都值得一番考察。不过油田的研究，到一定的步骤，非花一宗大资去钻探不可，在一贫如洗的中国，现在要像美孚那样，花掉两三百万元不算一回事，恐怕没有一家私人的营业敢说那一句话。那么，这种事业，只好用国家的力量去干。

有一种石头，名叫含油页岩。这种石头，经过破坏蒸馏以后，也可取出一些油质。现今世界上因为煤油的需要很大，而攒油的供给有限，有若干地方已经开采这种含油页岩，拉它来蒸馏。现在，日本人在抚顺就是用他们海军的力量去干这件事。中国其他的地方，是不是出产此种岩石，这是要请教中国地质学家的。

总而言之，燃料的问题，无论是在日常生计上，还是大规模的工业上，都是再紧要不过的问题。我们不说建设就罢了，要讲到建设，对于这一件劈头的问题，马上就得想法子解决。到了世界上的煤和煤油用尽了的时候，科学家也许会利用原子以内的能力，也许会直接利用太阳的热能，也许有其他的方法代替燃料。不过在现在这个时期，在今日的中国，说那一类的话，还早着呢。

大地构造与石油沉积

自从苏联古布金 (Gubkin) 院士把石油地质科学发展成为一个专门科学之后，我们对于石油地质的研究，就高度专业化了。我在这方面研究较少，今天我的发言，只能够从一般地质构造观点提出一些有关问题，希望这些问题的提出，对我们的石油勘探远景计划，有些帮助。

大家知道，我对大地构造是有些特殊的看法的，因此我要求专家和同志们给我一些耐心。

现在在提具体问题以前，我先提出两点，这两点对我们的石油勘探工作的方向，是有比较重要的关系的。

第一，是沉积条件；第二，是构造条件。这两点当然不是彼此孤立的，而是相互联系的。为了方

便起见，我把这两点分开来谈。

首先，大家知道，对于石油生成的沉积条件，最重要的是需要一个比较长的时期，同时不是太深、也不是太浅的地槽区域，便于继续进行沉积和增大转变为石油的机会。因为需要不太深也不太浅的条件，所以我们要找大地槽的边缘地带和比较深的大陆盆地。对这些地域的周围，同时还要求比较适当的气候——适当的温度和湿度，以便利有机物的生长。这种气候的存在和动植物的生长，是可以从有机物质在岩层中，如化石的多少，表现出来的；如由煤、油页岩等表示出来，就是说从岩层中所含的有机物的多少，可以看出沉积的情况。以上是关于第一点的概略说明。

其次，构造条件方面，应该从三方面考虑：(1) 大型构造，如盆地、台地、地槽；(2) 中型构造，如断层、节理、片理、小的断层和结构面等；(3) 更小的构造，如颗粒的排列方式、孔隙存在的情况，包括用光学和其他适当的方法来检定岩石颗粒排列的方向——这是属于岩组学的领域，从这一方面得出的结果，往往对阐明流质在岩层中运动的方向有很大的帮助。对这三方面的研究，是不应该孤立的，而是应该相辅相成的。

现代繁华与炭

一、欧美“文化”的曲子

诸位同学，前天有几个朋友邀我到这里来讲演。我一想，这倒是极有趣味，也是极不容易的一件事。我有什么把握，可以在诸位面前大言不惭地讲经说法？今天时候不多，本不容说闲话。但是我们看世界上有许多人把世界上的事往往平常看过。甚至讲到学术，大家也就不知不觉守一种人云亦云的态度。人类进步甚慢的最大原因，恐怕就在这里。我们倘若想脱离这种积习，这种束缚，不可不先存一种气概。诸位苦心志，劳筋骨，到欧洲来求学，自然是抱着一种气概，令人佩服的。但是我所说的气概，与这个意义有点不同。我的用意，是要我们互相勉励，互相警诫，凡遇着新境象、新学

说，切不可为它所支配，为它所奴隶。我们还要分析它，看它究竟是怎么一回事。既然到学术场中，心只管细，胆只管大，拿着主脑（思想的法则——Logique），就是那纷繁错乱的世界，天经地义的学说，都不能吓倒我们。从前在中国有人问孔，就被斥为异端。现在讲学，没有这回事情。诸位尽可放心。虽然这样，我们万不可故意与人家辩驳，与人家捣乱；或者逞一己的偏见，固执自豪；或者好作奇谈，沽名钓誉。那种狂谬的行为，非独不是勇猛精进的正道，而实在是一种精神病，已远出自由讲学的正轨；真正讲学的精神，大概用一句话可以包括，那就是为真理奋斗。

我方才含糊地说了新境象三个字。什么叫作新境象？从实地看来，我们现在所处的境遇，可算得是一个新境象。这境象与我们朝夕不离。所以我们切不可为它所蒙昧，我们应该冷眼观察它，并且详细地分析它。我曾听得许多人讲，我们中国人初到欧洲的时期，大概不免为这边的“物质文明”所牵动。中国人大半都说中国所缺的也就是这个“物质文明”。然而什么叫作文明？什么东西为造成这种“物质文明”最紧要的原料？今天我原本是想同诸位讨论第二个问题，但是第二个问题牵涉第一个问题。所以对于第一个问题也不能不约略地讲几句。

诸位都知道“物质文明”这四个字，在中国是一个新名词。讲点新学的人没有几个不把它当作一个口头禅用。至若说到这个名词所包括的东西，我想没有两个人意见完全相同。倘若一定要追求它的意义，大家不过糊糊涂涂地说那轮船、火车、飞机、大炮之类，就是“物质文明”的器具。这些器具动起来的时候，就成了一种“物质文明”的表现。我想一般欧美人对于“物质文明”的观念也不过如是。或者有人要把人类社会的许多机关也加到“物质文明”里去。是否得当，我都不敢说。这样看来，“物质文明”这个名词，并没有一个一定不易的定义。

再进一层想，物质两个字，是对应精神两个字说的。既说有物质文明，当然可说有精神文明。

然则精神文明与物质文明的区别若何？有人说一切性情及意识的活动，都属于精神界，故感情及思想上的产物，如乐谱、著述之类，皆为精神文明的表现。试问这样情意的活动，能否超脱物质？又试问种种物质的东西及其活动，能否脱离无影无形的自然法则及生物的意识？我现在任怎样想，都想不出一种绝对的是精神上的东西，并想不出一种绝对的是物质上的东西。

物理学家都认为宇宙之间，无处不有一种弹性完全的东西，名叫“以太”(Aether)。某物理学家讲可见的物质，是以太中发生的不可见的事故。不可见的以太，倒是实在的一种东西。这是纯粹物理学上的问题。我们今天就是想讨论，也绝讨论不了的。现在姑勿论物质究竟为何，精神物质两元的设想 (Dualisme)，总有许多地方想不通的。我们既不能决定精神的东西与物质的东西是否不即不离，又不敢遽然说它们是一种东西的两个方面。所以无法区别精神的文明与物质的文明。

说到文明，诸位还要许我讲几句闲话。我们初到巴黎来看这里的房子如此之大而且华丽，街道如此之宽而且清洁。天上飞的，地下跑的，瞬息万变。我们就吃了一惊。到了休息的日期，那大街上人山人海，衣冠文物，一齐都摆出来了，我们又吃了一惊。不独惊讶，而且心里不知不觉生出一种钦慕之感，以为欧洲的文化实在比中国胜多了。过了几天，也觉得没有什么了不得的，以为欧洲的文明，不过如是。这两种感想，都有一点道理，但都是极粗浅浮泛的。仔细一想，就知道他们的文化的根源，另在一个地方。在什么地方？在他们的脑袋里。他们尊重逻辑 (Logique)，严守秩序，勇于对人对物的组织等情形，比起中国那无法无天、混闹一顿，是有点不同，是文明些。如此说来，与其称现代欧美的文化为“物质文明”，不若称之为“广义机械的文明”。至若由这种抽象的机械所生的种种现象，如各样的建造以及各种熙熙攘攘的情形，最好是另用一个名词代表，我想无妨称它为“繁华”。

我原来想把今天讨论的题目叫作“物质文明与炭”，但是因为物质文明四个字的意义暧昧如前所述，所以不得已将题目改为“现代繁华与炭”。文明不文明，与我们今天没有关系。繁者对简而言，华者对实而言。由简趋繁，由实至华，仿佛是自然的趋势。枝节虽多，根本却是没有极大的变更。譬如有树，一入冬天，就枝叶零落，状如枯槁；但是春夏再至，茂盛蓬勃，又如去年，是可见树木繁华的状态，是一种生生不息的势力的表现。每遇有适宜的机会，如气候温和、肥料充足等条件，它就发泄出来了，条件不对，它又收藏如故。

然而什么是助长现今人类繁华最有利的条件？人类用种种方法以谋繁华，正如那草木常具生生不息的势力时时刻刻要求发展，这是人类自己的事，草木自己的事。如若外面的机缘不适，情形不对，任它们怎样想发展也是发不出来、展不出来的。我方才说要同诸位讨论什么东西为造成“物质文明”最紧要的原料，倒不如说什么东西是现代繁华的最大的凭借。这个东西就是我们大家都知道的天然势力。天然势力的种类虽多，但是可以供人类役使的，至今我们只知有流行不已的热势力。人类所用的其余各样的天然势力，大概都是由热势力换来的。热势力为人类所做的事，实在不少。广而言之，如若没有热势力流行，地球上今天恐怕没有这种种生物，自然连人类也没有。但是与我们现在的问题相关的，并不是那广大无边的热势力，乃是集注于一地的热势力。在一定的地方集注的热势力越大，它发展出来的时候，情形越是激烈。所以人类活动的程度，造出的繁华，当然是与他所操纵的热势力集中的程度成比例的。我们现在可以举出几件事实，大家就知道我们现在的生活，与这种集中的热势力相关是如何密切联系的。

试问我们这一座房子是什么东西造成的？最紧要的材料就是砖、瓦、木料、玻璃等项。砖、瓦、玻璃都是用火烧成的，木料是直接犹如火一般的太阳送来的光线养成的。然则没有如是的激烈热势力，我们这个房子就住不成了。诸位同我是如何到这里来的？坐轮船、坐火车、坐电车来的。轮船、火车、电车如何能动？因为有一架或几架中央的热机关。我这一件衣服的原料是如何做成的？是机器织成的。机器因为什么旋转？我想后面必有一架热机推它。所以我们如若不会用或不能用集中的天然热势力，今天这回事恐怕不会发生。请诸位再到巴黎繁华场中看看，无论是事还是物恐怕没有几件不是直接或间接由热势力造出来的。然则这样激烈的热势力是由什么地方来的？极小一部分是由煤油发生的，大部分是由煤炭发生的。

现在我们就要问世界上的煤炭是不是有限的？是不是可以生长的？若是有限，若是不能生长，到了世界煤炭用完了那个时期，或者就是有也极不容易开采的那个时期，我们是不是可以发现一种势力的储蓄物或一种势力的渊源来代替煤炭？这些问题就是我们今天的问题。

至若煤油有限极了，由地质学上考究起来，

我们确知世界上的煤油远不及煤炭多。所以最要紧的问题还是在煤炭，不在煤油。现在内燃热机日盛一日。到了没有煤炭的日子，煤油一定早没有了。英国地质学家拉姆齐 (Ramsay) 早已警告英国人，他说如若将来英国每年消费煤炭的量不减，不过二三百年，英国三岛就没有炭可挖了。英国地下所藏的煤炭渐渐减少，工业渐渐困难的问题，杰文斯 (W.S.Jevons) 早已论过。岂独英国为然，哪一个所谓文明的国度不是用许多人拼命地挖炭，只有中国还有许多煤厂，不独没有用新法开采，并且没有一个详细的调查。所以我想今天借这个机会，把中国煤厂分布的情形，就我所知道的约略一述。

二、中国煤厂分布的情形

说到地下煤层分布的情形，我们已经侵入地质学的范围。诸位中有没有学过地质学的？所以现在最好是先把地壳构成的情况略谈一谈。为什么不说地球而说地壳？因为关于地球结壳以前的历史，我们还没有确当不易的知识。康德早已说到这个问题但不完备。自法国著名的天文家拉普拉斯 (Laplace) 以星云 (Nébuleuse) 之说解释太阳系的由来以来，种种关于地球的由来的学说，逐渐演出。论到枝枝节节，虽是众口纷纷，莫衷一是，而关于大概的情形，大家的意见似乎相同。地球的初期无所谓球，大约是一团气汁。历时既久，这气汁自然地渐渐冷缩。它的表面结成硬壳，高低不平。壳上的空气中所含的气渐凝为水，于是海陆划分，于是种种地质学上的现象发生。地质学上所讲的地球史，顶古也不过是从那时候起。

“地质学上的现象”这几个字非常令人费解。我们都知道那作文章的人常用“坚如磐石”“稳如泰山”等成句，意若那磐石泰山是千古不变的。这个观念，根本地错了。仔细考察起来，我们就知道有许多天然的力来毁坏它们，来推移它们。它们朝夕受冰霜凝解、热度变更的影响，渐渐疏解；又受种种化学的作用，渐渐腐坏；加以风雨的摧残，河流的冲击，无一时不受剥蚀，无一时不经历变迁，何安之有？那些已经破坏的岩石，或为块砾，或为砂泥，散在地面。久而久之，都为雨水河流携到湖海里去，一层一层地停积起来。据种种考察，现今海底停积物的成分粗细，与其所停积的地方有关系。在海滨停积的东西，大概砂砾居多，离海滨越远，砂砾越少，泥质越多。而在大洋底的停积物，往往为石灰质或矽质。这种石灰质或矽质，大都是海中的生物（有孔虫类、放射虫、硅藻等）的遗骸造成的。这样看来，地表变迁的现象可分三项：曰剥蚀，曰转运，曰停积。陆地常遭剥蚀，潮流河流或风力专司转运，海底常主停积，这三项现象，自然是有连带的关系。

还有许多现象是由地理发生的，最明显的就是火山爆发、地震、地裂等事。这些剧烈的现象，是人人都知道的，更有缓慢的现象不容易观察。比方，在海滨往往有古代人工所造的泊船码头，今日远出海面；又时有森林的遗迹，今日淹没于海湾。此类的事实，不一而足。这种事实何以发生？

诸位想想。那自然是因为海面与陆地做一种相差的运动，或是不一致的运动。我们有许多另外的凭据证明这些变迁并不是因为海面的升降，然则必是因为陆地的起跌。所以我们知道这个地皮是动摇不定的。只因动得极慢，所以人都不知不觉。是的啊！就是我们现在的地方，自地球上有生物以来，不知道已经沧桑几变。

以上所说的各种现象，都落在地质学的范围里，都是经了许多的经验、许多的观察分别出来的，既非想象，又非学说，主使这些现象的力，现在就在运行。我们既知道这些现象的原原本本，再来由已知求未知，就现在推过去。这当然是考究地球历史的一个正当方法。但是过去的现象已经过去，我们有什么路径去寻它？我们因为能通一国的文字，所以能读一国的历史书。由那历史书上的种种记录，就得以知道那一国的历史。这件事含着两个紧要的条件：先要得一部历史书。那历史书中一页一页的图画文字要我们能懂的。现在我们已经有了一部大书，专写地球自结壳以来的历史。那书是什么？就是地壳。关于第一个条件，我们已经满足了。但是说到第二个条件，就有种种的难题发生。地质学家关于地球的历史争来争去，说来说去，总离不了这些难题。想解决这些难题，我们不能不借用各种科学公共的根本法则。那就是相似的原因必发生相似的结果，时与地没有关系。这个大法则，可算得是科学家的上帝。假使我们把现今地面各处发生的地质或天文学上的现象搜集起来，连贯起来，我们就不难定夺某某原因产生某某结果。北方冰川经过的地方（因）常有带痕迹的岩石（果）；河流经过的地方（因），常遗砂砾之类（果）；火山爆发的地方（因），常有喷出的岩片、岩灰或岩流等物（果）；气候炎热的地方（因），往往生长特别的动物植物，如鳄龟、椰子之类（果）。过去地面及地壳里的种种变迁，也留下种种结果。变迁的情形现在虽不可见，而变迁的结果至少有一部分，幸而存在天然的博物馆中，记在天然的地质历史书中。如若前说的科学根本法则有效，我们应该可以准确推断现在因果相循之规律，按过去地面及地壳里所生长出种种结果的次序，追求过去地质现象继续的情形。比如陵谷的变迁、海陆的转移、气候寒暑的更迭等事，都在能研究的范围以内。过去地面及地壳里所生出的种种结果是什么？那就是各样各层的岩石。这些岩石一层一层地倒在我们的脚下，正如那历史书一页一页地摆在我们的面前。

岩石可概分为三种：一曰递积层，亦曰水成岩。这项岩石，是由粉细或块粒的物质一层一层地结合而成的。依其结构成分，定出种种名目，如石灰质的名叫石灰岩，与今日大洋里的停积物类似。泥质而能分成薄层的名叫页岩，由砂砾固结而成的名曰砂岩、砾岩，这些与今日的浅海或浅水里的停积物相似。二曰凝结岩，亦名火成岩。这项岩石，大半都是由大小的晶片凑合而成的。与今日火山里喷出的岩流及冶炼炉中所出的渣子相类似，大概是极热的岩汁因冷却凝结而成的。三曰变形岩，前两项的岩石，有时一部分或全部变其原来的面目。比如递积岩与火成岩相接之处往往呈结晶之象；又如地球上有许多极古的岩石，其结构往往错杂不堪。时带条纹，仿佛是曾历大热或巨压。最有趣的就是那第一层岩石中，常有生物的遗痕、遗像或化石。地质学家统称这样的东西为化石 (Fossile)。比方现在我们由巴黎这个地方挖下去，在接近表面的地层中所发现的化石，有许多种族还生存于今日的海中。越到下面的地层中，奇形怪状的生物遗像越多，与现今世界上生存的生物相似的越少。据这种生物群变更的情形及地层构造的情形，地质学家把地壳的历史分作若干段。中国的历史中有三皇五帝、秦朝、汉朝、唐朝、明朝等时代的名目，地质历史中亦有许多时代的名目，这些名目之中有许多是全世界所公用的。现在我按着这些时代新古的次序，从上至下把它们的名目列举出来。

- 新生世
  - 第四纪
  - 第三纪
- 中生世
  - 枯烈纪
  - 侏罗纪
  - 三叠纪
- 古生世
  - 二叠纪
  - 葮蓬纪
  - 地否纪
  - 塞鲁纪
  - 阿多纪
  - 堪步纪

自有地球以来，不知经过了几万万年。我们现在确实知道的有两件要紧的事：

第一是以前所列举的时纪都是很长很古的。就生物的变迁一端着想，我们就知道这句话是不错的。在堪步纪以前的岩层中，世界各地除北美洲几处外，迄今未曾发现确实无疑的化石。到了堪步纪的时候，各项海洋生物“忽然”繁殖。到塞鲁纪的末叶，最初的脊椎动物——鱼类始行出现。在二叠纪的时候，鸟类乃生。在中生世两栖类颇盛。在第三纪哺乳类散布全球。那哺乳类中最进步的猴类头脑渐渐进化，到了第三纪的末叶第四纪的初期，真正的人类——人科 (Hominidae) 才出现，在人类历史学家看来，古石期 (Paléolithique) 已经古不堪言。而在地质学家看来，人类初出现的那个时期，是最新最近的，如昨天一般。

第二是每一纪有一段岩层为之代表。由理想判断，那些岩层，层位越下的所属的时代当然越古。然而何以高山之巅，如中国的泰山、秦岭、南山，往往露出极古的岩石？谈到这个问题我们不能不考究地层的构造。诸位在山边海岸，想必曾见过露出的地层。那些地层，多半不是皱了褶了，就是断了裂了，平平整整如一本书一页一页排列下去的是很少的。因为这样的情形，所以在实地查勘地质有许多难处。

现在我们把以前所说的话再来通盘一想，既说是一处的地层，可分作几段，各段中所含的生物的遗像及各段岩层的性质，往往绝不相同。然则这样的变迁是如何使然的？从前有一派学者说，这是因为过去的时代地面经了几次剧变，如洪水滔天之类，把当时的生物都扑灭了，好像中国每朝的末期，必定发生许多流贼杀人放火的事件。自英国查尔斯·莱尔 (C.Lyell) 唱“匀和 (Uniformitarisme) 之说”以来，大多数的地质学者都认为剧变之说欠妥，匀和之说较为得当。匀和之说：曰过去各时代的地质变迁，大都是渐渐的，并不是猝然的。过去地壳上变更的情形与现今我们所目睹的情形，无论就种类而论，或程度而论，大概没有许多不同的地方，这样的说法，有很多事实为之证明，但是也有一个限制。比方肇生世的时候与现今比较，到底异同若何，实在是一个悬案，在肇生世以前更不待言。

地质学上的种种根本问题既已约略地点缀，现在可以上题说煤炭了。由岩石学上看，煤炭是一种递积岩。因为它一层一层地夹在砂岩、页岩或石灰岩之中，就其构造而论，与其余的递积岩并没有大分别，其造成的原料是由古代植物来的。地球上各处的气候时时变更。各种植物每逢宜其生长的机会，它们就生长。气候越适（如热湿等情况）生长越盛且越速。那些植物之中，自然有一部分还未到完全腐烂分解以前，被河流冲到湖沼海湾，埋没于泥沙之中。久而久之，全体碳化，成了我们今天所用的煤炭。有许多人以为煤炭在地下越久，其质越变纯净，这个观念是不对的。因为煤炭的成分大约是依原来的植物的种类为转移，比方烟煤永世不会变成无烟煤。照这样看来，我们敢断言两件事：第一是地下的煤炭绝不能生长，也绝不会变更。第二是煤炭的生成须特别的气候，特别的情形，并须极长的时期。即令现在有生煤的机会，生煤的地方，待煤成了的日子，不知人类已经变成了一种什么怪物。

在中国共有五个地质时代造了煤炭，最古的为“地否纪”，属于这个时代的煤层很少。据莫诺说，他曾在贵州西南方的兴义县附近见过。据我看来，莫诺所获的化石，还不足以确定时代。所以他所说的地否纪煤层究竟是不是属地否纪还待考究。另外为多煤纪，这一纪前后所造的煤比其余各纪都多，世界各处的煤层也以这一纪所造的为最多。中国北方的煤炭除辽河流域附近，山西大同、直隶斋堂等地外大都属于此纪。扬子江中游下游各省以及浙江、福建、广东各处所出的煤，一大部分是属于此纪的。然后是三叠纪。川东、云贵所出的煤多属于此纪。再次为侏罗纪。属于此纪的煤层见于大同、斋堂、四川及扬子江中下游数处。最后的造煤时代为第三纪。第三纪的煤炭仅见于东三省及云南蒙自等处。东北有名的抚顺煤矿，就是最好的一个代表。

中国各省的煤矿，迄今还没有经过完全的调查。我们现在所知道的大都是由外国的矿业杂志或外国人在中国的地质调查记里得来的。以下所说的中国煤矿分配的情形，未免近于东鳞西爪，七零八落。数年前中国地质调查所的丁文江已着手调查。我们希望丁君不久就把他调查的结果详细地报告出来……

三、将来利用天然势力的机会

这个题目太大，绝不是一口气可以说完的。现代的科学还在幼稚时代，对于这个问题并没有一个落实的解决方案。所以我们在此所讨论的难免不是举一漏百。就所举的方法，究竟有多少价值，还是疑问。这也不必管它，因为我们今天的目的并不是求几个完全的解决。我们的目的，第一是要使大家知道这个问题有研究的必要，第二是有些什么路径可以研究下去。

地球上流行的天然势力，就我们现在所知道的，从其由来着想，可分作几项：①源于天体的运转者；②源于原子的爆裂者；③由太阳送来的势力。这三项之中，似以第三项为最关紧要。

先说第一项。地球每自转一周，海洋各处对于月球的地位，时时刻刻不同。每公转一周，对于太阳的地位，又时时刻刻不同。所以同一处的海水受日月的引力，时时不等，潮汐由是而生。但是月球距地球较太阳距地球近多了，引力的强弱是与两个物体相隔的距离的自乘成反比例的。所以潮汐的起落，与各处对于月球之地位相关较著。一年之中，

有时月球引力之方向与太阳引力之方向相同，那个时候，潮汐起落之差最大。春潮之所以发生，就是因为这个道理。关于潮汐的起落，有一件事，往往为人所误解。那就是许多人都以为仅仅地球距月球最近的那一面的海水，被月球吸起所以潮汐上升。殊不知正与月球反对的那一面也有潮汐上升。这是什么道理？要追究这个道理，我们不能不追究引力的法则。大家都知道两个物体间引力的强弱是与两个物体的质量成正比例，与其间之距离成反比例。

地球之各部分对于月球之地位不同，那就是两者之间距离不同。距离既不同，所以各部分所受之引力强弱不同。离月球越远的部分，它所受的引力越小。所以假若地球全体是水做成的，那么地球受了月球的引力，必然变成一个椭球。那么椭球的长轴，必然与月球所在之方向大概一致。但地球的全体并不是水做成的。陆地虽受月球的引力，却是昂然不拔。而海水为液体，不得不应月球所在之方向，流来流去。所以潮汐之往来在海陆相接之地最显著。

潮汐之流动，就是一种动势力 (Kinetic Energy) 的表现。倘若在海峡、海滨用适当的方法，设相宜的机关，这种潮流的势力，未始不可收拾、储蓄，供人类的役使。这个机会，是略有一点科学知识的人都知道的。但是还没有一个实行的计划。这种研究，自然应落在水力工程学及土木工程学的范围里。

再说第二项。化学家经过了许多的试验，证明一切物质是由分子集合而成的。每一个分子，是由一种或数种原子以一定的数目，依一定的配置相依而成的。寻常所谓的化学变化，都不影响原子的构造。所以从化学上看来，原子可算得是不可复分的东西。但是近来物理化学家又发现了一种新物质以及与那种新物质相联的许多新现象。现今世界上的物理学家仿佛是以全力来攻这个新题目。我们应该知道一个大概。

诸位想必知道各种物质之中，有一种能传电，亦有一种不能传电，比方五金之类以及许多的含盐类的液质都能传电。而玻璃、木料、寻常的干空气之类都不能传电。假使我们现在取一玻璃管（比方长一尺径一寸），管的两端紧闭，空气不能自由出入。再嵌一金类之小板于管之一端内，又嵌一金类之导线于他端内。试使小板之端与高压电机（如感应电机之类）之阴极、其他端与阳极联络，管中必无何等现象可睹。如若设法将管中的空气抽去一大部分，使管中剩余的气体极为稀薄，再将高压的电流联络于管的两端。那时候的情形便不同了。由阴极的小板发出一种紫色的“光线”，其前进之路与板面成直角。如有固体硬塞于那紫色光的路中，那固体就显种种的光彩，并发大热。著名的X光线，就是这个阴极发射出来的东西途中碰着白金板而反射出来的光线。由阴极发射出来的东西并且显机械的作用。譬如置极轻之叶轮于管中，那叶轮就要被它冲动而旋转，如水冲水车、风推风车一般。最值得注意的，那就是阴极发射线受磁力的影响。如若横置磁石于发射线之旁，那发射线就变弯了，与阴电流受了磁场的影响所生的结果相同。发射线又能透过极薄之铝叶，足见得它并不是光线。就前面说的种种性质看来，我们不能不疑它是一点一点带阴电的物质，以极大的速率由阴极射出来的。这个情形倘若是真的，我们不难用一种方法，求出那种带阴电的物质的质量与其所带之电量之比，以及其射出之速率等项。

诸位，我们所要讨论的问题是势力的问题。我方才为什么冤枉地说了一顿原子的构造，这里有点缘由，并非单单因为那发射的势力是由原子以内发泄出来的，所以原子构造的问题与我们的问题有关系。实在是因为电子之说，无机物进化之说，近年来风行一时，我们中国的“旧派”对于一切新学说新理想的态度就是屏诸四夷，不闻不问。而所谓治新学者，往往为好奇心所鼓动，看着新东西就要说，听着新学说就相信，似乎未免近于率尔。所以我现在勉强说了几项紧要的事实以示那极玄妙的电子说是由极寻常的事实推出来的，最要紧的还是事实。那电子说成不成，还要待我们仔细地分析，什么为本，什么为末，万万不可弄错。

第三项可分作三个细目说：

(1) 由太阳的热所生的动势力，河流与气流都是这种势力的表现。地面的水受太阳的热，变为蒸气，汽化于空中，减其热度，变为雨雪，落在地面的高处，受地球的引力，不能停留，于是河流发生。所以地面各处的河流可视为天然热机的一部分。在中国河流甚激的地方，古代已有人建设水车，利用此项势力以灌溉田地，但利用之方未曾十分进步。在欧美利用水力之地也极多，以美国的尼亚加拉 (Niagara) 及挪威等处最为著名。近闻瑞士也有大举利用水力转运电车的计划。中国高山大川不少，可设水力机关的地方必定很多。研究机械工程的人，正宜留心这个题目。

空气的压力随时随地不匀。高压的气当然常往低压的地方走，所以生风。气压变更的原因极其复杂。我们今天没有工夫讨论。我们应知道的，第一是使空气流动的势力是由太阳来的，第二是风的势力可用风车等项机器弄到人类的手里来。但是风力时有时无，时强时弱，那是在人工操纵的范围以外。

(2) 直接由太阳送来的热势力，由太阳送至地球的光热，一部分为空气所吸收，增其热度；另一部分直达于地面。现今在热带的地方，如开罗(Cairo) 附近，已有热机，直接利用太阳传来的热。用一架甚大的凹镜先集收太阳传来的热力于一处(即凹镜之焦点)，再用那集中的热力运转寻常的热机，如汽机之类。此项直接用太阳的热的热机，尚在极幼稚的时代。从机械工程学上来看，还有许多研究的余地。

以上所说的各项势力，除第二项（即原子以内的势力）外，其流行也，或囿于地，或厄于时。欲其应人类随地随时之需，不能不想出各种方法来储蓄它，来收敛它，使它易于运搬，易于对付。我们现今已发明许多收敛、储蓄势力的方法。那些方法可分为两类：第一类根据物质电离电合之性。蓄电池就是这类的东西。蓄电池中之物质，受外来电流之影响而生一种化学的变化。若撤去外来的电流，联络其两极，蓄电池就吐出电流，其中的物质渐变还原样。第二类根据热化学的原则。比方有两种物质化合而成第三种物质，倘若其化合时吸收若干热量，其分解成原来的两种物质时，亦必吐出相等的热量，以人工制造燃料的原理就在这里。将来制造燃料的方法进步，或者与碳化钙相类的东西渐渐就要出现。那些东西，就可借太阳直接送来的热势力，或风势力，或水势力造出来。换言之，我们就可把那厄于时、囿于地的自然势力抓在手里，随我们的意思去分配它。

(3) 缘生物所积收的热势力，寻常的动植物，大都是离了太阳的光热就不能生活。那畏阳光的生物，如许多微菌之类，也要借种种有机的物质才能生活。那些有机的物质，大概是由受阳光而生长的动植物里产生出来的。就连深洋底的生物，虽直接受阳光的影响很少，但是我们没有凭据说它们的生活不间接受太阳的影响。地球上所有各种生物的生命，究竟与太阳里送来的势力有如何的关系，原来是一个很大的问题，现在姑且勿论。就我们日常的观察判断，太阳的光热与动植物的生命似乎有极密切的关系。所以我现在权且把缘生物所积收的热势力，也列在第三项势力的渊源里。

各种天然势力的储蓄物中，最先为人类所抓着的，不能说是现代生存的各种植物。不分其种类，不分其成分，拿着就烧，那是利用这种势力储蓄物的最粗陋的方法。进一步，就是把植物的躯干变成木炭。木炭燃烧时所发出的热，自然是比等量的木材燃烧时，所发出的热量较大而力较强。再进一步就是用破坏蒸馏法，由木材里分出种种有用的东西。木材的成分随其种类不同，还有许多有用的东西，我们现在不必计较。与我们现在的问题最有关系的就是木炭与酒精。大抵软质的木料多含胶质而少酒精，硬质的木料与之相反。现今制造家蒸馏木材的目的，大半不在取木炭而在取其余的副产物如酒精、醋质之类。

低洼之地，往往有腐烂的植物，如藓苔之属，与泥沙等质停积于一处而成泥炭。湖沼之中往往有微生物，其体虽小而其生长繁殖异常之快。硅藻科(Diatomacae)、Perilinidae 等族是这类生物中最可注意的。由海底、河底、湖底挖起来的泥土中，有时含一种物质与煤油 (Cholesterol，Phytosterol) 相似。那种物质，或者是由前面说的那一类的微生物酝酿出来的。倘若生物化学家再详加考察，探悉那些生物生长的习惯，我们未始不可想出方法来培植它们，用它们的体质做我们的燃料。

将来比较有希望的，就是直接由太阳送来的势力以及缘生物所积收的势力。在热带地方，当然可设许多的凹镜收集太阳的热，用太阳的热就可制造种种燃料，如碳化钙 (CaC_2) 之类。但是这两个办法也有许多难处。太阳光线热线的强度，每日时时变更。因为这样的变更，供给的力量必不能匀，供给的力量不匀就不利于制造。偶有云雨，机器就要停止。这也是大不方便的一件事。况且镜面须大，造镜的材料，都是很贵的。说来说去，我们的希望还是落在生物身上，但是也不能不分别孰轻孰重，煤炭一年减少一年。水中的微生物到底能不能为我们造出极多的燃料是一个问题，将来的答案难免不是一个否字。世界上人口日增，食料渐渐困难，用五谷之类制造燃料，恐怕将成问题。那么，最终的就是木材一项，世界上旷野之地充其量来培植森林，用尽科学的方法，将木材变为最经济的燃料，如造成酒精之类。到底能否取代煤炭以供人类的要求，这个问题虽难解决，但是从木材生长的速率着想，我们很难抱乐观的态度。然则人类的繁华到了难以得到煤炭的时候，将要渐渐地凋零吗？抑或在煤炭犹未用尽以前人类生活的状态，已经根本地变更了？

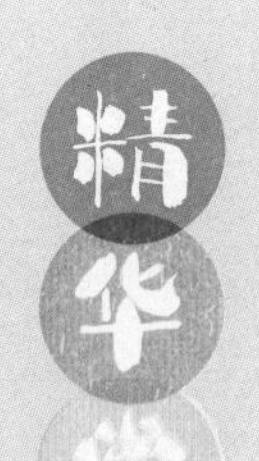

著名地质学家李四光的文章，对于当时包括今后若干时期的中国，都具有提振士气、振奋人心、激发中国人奋力拼搏的巨大作用。

中华人民共和国成立后，西方列强仍不放过中国，所以在一穷二白的基础上，如何探索建设社会主义就成为一项新的课题。李四光从中外地理环境分析、燃料的起源到煤炭开挖使用的状况，到取代煤炭开发太阳能、开发使用地热能等方面提出了许多独创性和建设性的结论和措施，向全世界证明了中华民族是勤劳向上、用自己双手建设美好生活的优秀民族！

我的阅读记录卡

我的学校 ______________________

我的年级 ______________ 姓名 ______________

阅读这本书，我用了多长时间？______________

阅读过程中，给我留下深刻印象的是哪个角色或者哪个情节？

____

____

深入阅读这本书之后，我有哪些方面的收获？（比如积累了哪些名词、名句？领悟到哪些道理？学习了哪些写作方法等）

____

____

培养阅读习惯

我又阅读完一本书